JN313059

宇宙と地球の自然史

A history of the Universe and the Earth

大井万紀人
Makito Oi

勁草書房

はじめに

　この本は，専修大学の教養科目「科学史科学論」のための講義テキストです．この講義の目的は，生成と消滅を繰り返しながら，輪廻転生にしたがって進んでいくようにみえる宇宙の「成長」過程を概観し，その理解が進む度に人間の宇宙観がどのように変遷してきたのかを知ることです．そのために，「宇宙の中心」を巡る人間の意識の変転から話を始め，宇宙が膨張していること，そして物質の生成へと展開していきます．

　この本から学んで欲しいのは，個々の出来事をばらばらに覚えるのではなく，宇宙が無から始まって現在の形となり，そしてこれから先の遠い未来にどのような形になるのかを，ひとつの流れとして理解する姿勢です．また，同じように人間の宇宙観がどのように変わってきたのか，またそれはどのようなきっかけや動機によってなされたのかを，断片的に把握するのではなく，ひとつの筋として見てもらいたいと思います．ミクロ（微視的）とマクロ（巨視的）の視点をバランスよく持って，物事を見る習慣をつけてもらいたいのです．

　「木を見て森を見ず」という諺がありますが，一方で「森を見て木を見ず」だとしてもよくありません．「木を見て森を知る」，あるいは「森を見て木を知る」というのが良いと思います．

2012 年 9 月

大井万紀人

目　次

第1章　最初に宇宙を感じたとき ... 3
- 1.1　ナイルの太陽と黄河の月　5
- 1.2　メソポタミアの砂漠の星々　7

第2章　世界の中心は川崎なのか？：宇宙の中心の探求 ... 11
- 2.1　ギリシアの哲学者たち　12
- 2.2　天動説：宇宙の中心は地球か？　15
- 2.3　ヒッパルコスの悩み：周転円と離心円　18
- 2.4　天動説の完成：プトレマイオスの理論　23
- 2.5　コペルニクスの地動説：パラダイムシフト　25
- 2.6　ティコ・ブラーエ：肉眼観測の最高峰　30
- 2.7　ケプラーの定量的研究：占星術と科学のあいだ　36
- 2.8　ケプラーの3つの法則：火星が教えてくれた真の宇宙の姿　40
- 2.9　ケプラーの第3法則：占星術的執着心の到達点　51
- 2.10　ガリレオ：望遠鏡と地動説と宗教裁判　53
- 2.11　ニュートン：地動説の静かな勝利　59
- 2.12　ハーシェル：銀河系の発見　60
- 2.13　ハッブルの最初の成果：島宇宙か否か？　66

第3章　アインシュタインの誤り：膨張する宇宙 ... 73
- 3.1　ハッブルのもう1つの発見：宇宙の膨張　74
- 3.2　光のスペクトル　77
- 3.3　ドップラー効果　82
- 3.4　ハッブルの法則　84
- 3.5　ビッグバン：宇宙には始まりがあること　86

3.6 加速膨張する宇宙：アインシュタインの誤りは誤りではなかったのか？ 87

第4章　はじめに光ありき：光る宇宙 ... 91
 4.1　ビッグバンの宇宙へ遡る 91
 4.2　光とは何か？：現象論のところまで 93
 4.3　ニュートンの光学研究：プリズムによる光のスペクトル分解 96
 4.4　光は波か，それとも粒子か？ 98
 4.5　粒子と波動の物理的な違い：干渉の有無 99
 4.6　ヤングの干渉実験 102
 4.7　光波を伝える媒質：電磁場の発見 108
 4.8　光の速さ 112
 4.9　光電効果：光は再び粒子に 113
 4.10　波は粒子で，粒子は波で…：最後の結論 118
 4.11　宇宙の温度と光る宇宙 120
 4.12　宇宙背景輻射：膨張宇宙の実証 123

第5章　光から素粒子をつくる：物質の創成 ... 131
 5.1　素粒子の種類（電子の発見） 131
 5.2　相対性理論：質量エネルギー 137
 5.3　量子力学の完成 139
 5.4　反電子：相対論的量子力学 144
 5.5　光子による電子—反電子の対生成と対消滅 146
 5.6　光子から素粒子をつくる 147
 5.7　光の世界から物質の世界へ：消えた反物質 148
 5.8　物質の三分間クッキング 152

第6章　複合粒子でつくる宇宙：原子と原子核 ... 157
 6.1　原子と原子核 158
 6.2　統計力学の考え方：平衡と温度 160

6.3 原子の存在が認められるまで：ボルツマンの悲劇　166
6.4 放射能と放射線の発見　169
6.5 原子核の発見　173
6.6 原子＝原子核＋電子：ボーアの水素原子模型　176
6.7 中性子の発見　178
6.8 同位体：セシウム 134 とセシウム 137 の違い　180
6.9 核力：湯川秀樹の理論　182

第 7 章　3 分より後の宇宙：のびたカップラーメンが見る宇宙 …………185
7.1 重水素から α 粒子まで：宇宙で最初の核融合　186
7.2 原子の形成：宇宙の晴れ上がり　189
7.3 晴れ上がりの後：物質と重力の時代　190

第 8 章　宇宙の歴史とともに生きること ………………………………193
8.1 宇宙という遺跡に隠された書物　193
8.2 さらなる遺跡の探検に向けて　194

参考文献　199
索引　201

宇宙と地球の自然史

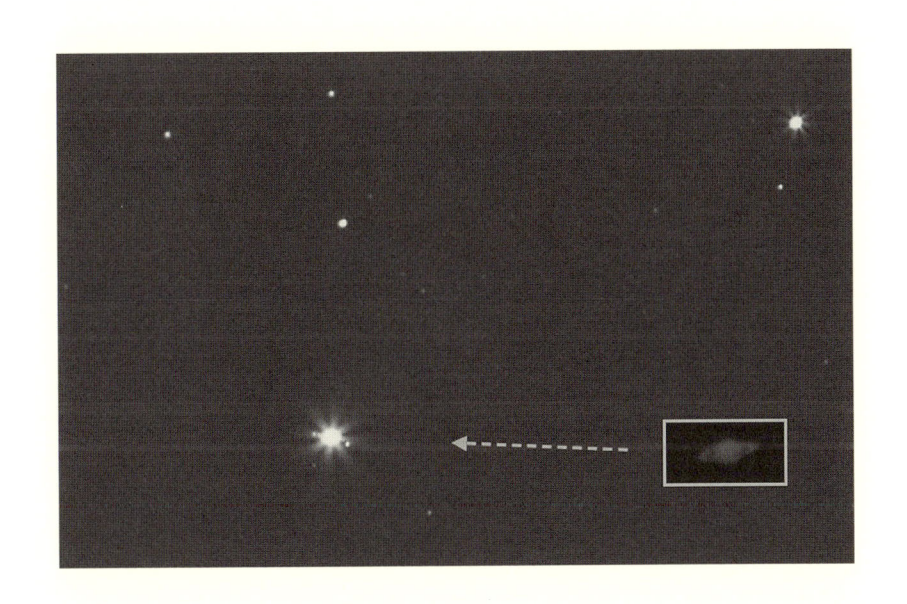

第1章　最初に宇宙を感じたとき

　星降る，とある春の夜に，愛犬と散歩に出たとしよう．

　桜の花びらが街灯に透かされて，ぼおっと闇に浮かび上がる様には，あなたも，犬もきっと心捕われることだろう．もちろん犬が花を愛でるとは限らない．満開の桜の色白さに怯えた犬は，ワンワンと大きな声で吠えて，あなたは興醒めしてしまうかもしれない．それでも，犬が桜の存在を認識できるということは，人間と変わらない．彼らの心にも，私たち人間の心にも，桜は同じように存在しているだろう．
　桜の並木を抜け，坂を下って小川に架かる橋に来たとき，今度は，夜空に輝く獅子座の星々にあなたの目は奪われる．獅子座の明るい恒星のレグルス，デネボラのみならず，「?」マークを反対にしたような「獅子の大鎌」が，頭上で大きく光っている．その右横で，蟹座のプレセペ星団が「星の雲」の微かな光芒を放っている．星団を取り囲むように，双子座のカストルとポルックスが対になって瞬き，大蛇座が長く長く，東の空の乙女座の下まで伸びている．乙女座のスピカの上方には明るく光る土星が見える．北に向きを変えて仰ぎみれば，スピカと牛飼座のアークトゥルスと北極星の杓の柄が，「春の大曲線」を描いて，夜空に堂々と浮かんでいる．「ああ，すごい」と，思わずあなたは言葉を漏らすかもしれない．
　一方で，あなたの犬はどうだろうか？　欄干のはるか上で輝く星々を見上げ，宇宙の彼方を夢想しているような目付をしているだろうか？　せいぜい橋のたもとにひっかけられた他の犬の小便の匂いを嗅いでいるか，あるいは綱を引っ張って「早く向こう岸にいこうよ」と催促しているだけだろう．彼らの心に「宇宙」の概念は（おそらく）ない．

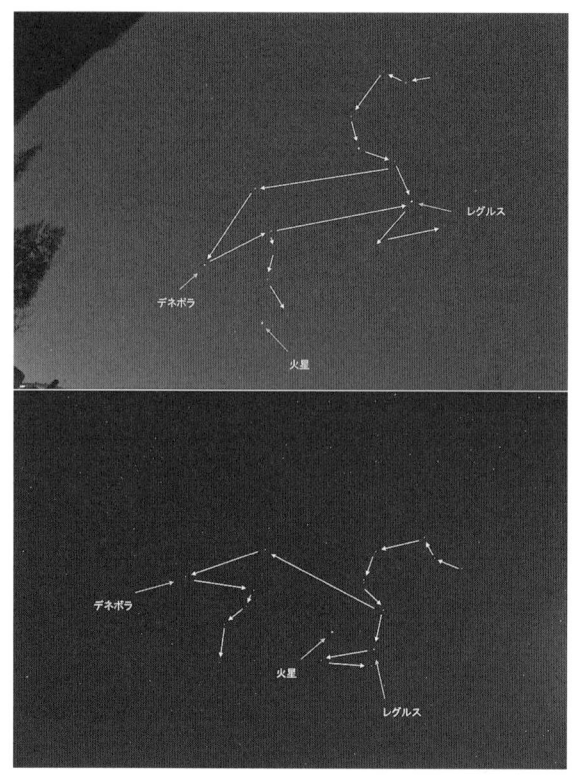

図 1.1: 獅子座:春の代表的な星座. 上が 2012 年 1 月 9 日, 下は 2012 年 4 月 2 日. 火星の位置が変化しているのがわかる. (筆者撮影)

あなたが今認識している星座や恒星, 惑星の知識は, じつは, 何千年も前から先人たちが築いてきた努力を受け継いだものだ. 東京などの都市に住んでいれば, 学校で星について習うまで, あなた自身で「宇宙の存在」を認識することは少なかっただろう. 星のきれいなところに住んでいたって, 夜寝るだけの生活ならば, 同じようなものだ. 科学の進んだ現代に住む私たちでも, 「宇宙」については習って知っているだけなのかもしれない. それでは, 先人たちの先人たち, もっと言えば, 人間が人間となる直前の動物だったころ, はたして彼らは「宇宙」を感じていただろうか? おそらく, それはあなたの犬と同様, 地面の方向に目を伏せたままで, 夜空を見上げて無限に広がる彼方の世界に心

を馳せることはなかったにちがいない．野獣から人間へと進化し，最初の知的な心の動きが働いたとき，つまり，人が最初に「宇宙を感じた瞬間」があったにちがいない．それは，異なる場所と異なる時間で，さまざまな形で体験されたことだろう．そのいくつかの場合について，例を見てみることとしよう．

1.1　ナイルの太陽と黄河の月

　文明発祥は農耕の発明と密接な関わりをもつ．その最初のポイントが暦，すなわちカレンダーの発明だ．この発明を可能にするには，自然観測やデータ解析，理論構築など，「科学の知恵」が必要で，そこから誕生した数学，物理学，天文学などの力を借りて，文明は発展し，都市は建設されていったことだろう．

　農耕は，春の種蒔きと秋の収穫という2つのタイミングで，成功と失敗が決まる．早すぎる種蒔きは霜害のおそれを招き，遅すぎる収穫は寒さによる収穫減少の危惧がある．春の始まりと秋の終わりを正確に「定義」できる者は，豊作を享受し，発展と幸せの権利を手にすることができる．暦の役割はまさにこれを可能にするためのものだった．良い暦を作った文明が勝ち残るのである（戦争を起こして相手から奪い取るという選択もあるが....）．

　このような要請の下，ではどうやって春夏秋冬，つまり1年を定義しようか，と古代の人々は思い悩んだにちがいない．「桜の開花日をもって正月にしたらどうか？」とか，「最初に蛙が鳴いた日を1年の初めにしよう」など，生物学に関わる現象をもとに暦をつくった文明ははたして生き残ることができただろうか？　日本の気象庁が，毎年，桜の開花予想をすることを思い出せば，答えはすぐにわかる．東京周辺の場合で考えてみよう．異常気象でたまたま2月が暖かかった年は，桜は3月中に開花してしまうかもしれない．そして，その翌年の冬が寒く長ければ，桜は4月の中旬まで咲かないかもしれない．あとで振り返ると，この年は13か月の「長い1年だった」ということになるだろう．逆のことが起きれば，11か月の「短い1年だった」なんていうこともあるだろう．こうなってくると，年によって「1年の長さ」が変わってしまう．たとえば，ワインの醸造期間が「2年」だといっても，それは10年前

の「2年」という意味なのか，それとも50年前の「2年」という意味なのかによって，期間の長さが変わってしまい，とても不便だ．だいたい，桜の開花をもって「正月」とするなんて，あやふやすぎる．秒単位でスケジュールが決まっていく，高度に発展した文明の暦の基礎にするなど，とうてい無理な話だろう．

とはいえ，桜が咲くのはだいたい3月から4月にかけての「春」である．その理由は，地軸の傾いた地球が太陽の周りを1年に1回の周期で回っている，つまり「公転」しているからだ．だから，「1年」を正確に決めたければ，この天体運動（公転）を頼りにしたほうがよい，ということになる．地球に住んでいれば，地球自体の運動は見えない．見えるのは「太陽の動き」だ．

ナイルの河畔に発展したエジプト文明の精神世界において，最上位に置かれたのは太陽神ラーだった．ナイル河畔に住む人々にとって，もっともなじみのある天体は太陽だったということだろう．動植物やナイルの氾濫といった季節の変化を丁寧に記録していれば，日の出日の入りを365回勘定する頃に，1年の周期が戻ってくるという理解は得られるだろう．しかし，4年に1度の修正，つまり閏年を導入しないと，次第に暦はずれ始め，正月に雪が降る年があったと思えば，蟬の声がうるさい正月になってしまったりと，不便な暦になってしまう．これは公転（年を決める地球の運動）と自転（日を決める地球の運動）の周期の比が整数ではなく，小数（あるいは分数）になっているためである．1年を365.25日と定めなければ，正確なカレンダーはつくれない．ずれ始めた「正月」が，「最初の正月」に戻るまでの周期は1460年で，古代中国ではこれを「狼星周期」と呼んで認知していた（狼星とはシリウスのことである）．古代エジプト文明はこの問題をどう解決したのだろうか？

日の出の位置は毎日変化する．しかし，真東に昇り，真西に沈む日は1年に2回だけ，つまり春分と秋分の日のみとなる．このうちのどちらかを，正しくつきとめる方法が手に入れば，暦のズレを適切に修正することが可能となる．広大な平野にあるエジプトでは，特徴ある地形（たとえば山など）が乏しく，地形を利用して真東や真西を決めるのは難しかったであろう．そこで，星を利用した．星といってもやたらな星ではなく，全天でもっとも明るい恒星シリウスを使った．シリウスも日によって，時間によって場所を変える．しか

し，太陽がシリウスと同時に地平線に昇る日は1年に1度しか起きない．この日はエジプトの「春先」にあたり，ナイルの氾濫の少し前である．農耕のための「正月」としては，最適なタイミングだったことだろう．シリウスの位置は，太陽に対して「不変」だから，太陽の周りを回転する地球は1年に1度，太陽とシリウスを結ぶ線を横切る．この日，もしくはこれに準じる日が決まれば，春分や秋分の日を特定するのと同じ意味となる．太陽とシリウスの2つの天体を使って，暦の問題を解いた古代エジプト文明は，自転と公転の関係をおぼろげながらも知っていて，利用したということになろう．この関係を見抜いたとき，彼らは「宇宙を感じた」かもしれない．

一方で，暦を作成する際，太陽に加え，月も利用したのが，古代中国文明だ．1年を「1周」の意味で捉え，角度の「1度」を「1周の365.25分の1」と定義した．明らかに，暦を意識し，公転と自転の関係について正しい認識をもっていたと考えられる．上で見たように，「年」と「日」という2つの周期は，太陽と地球の関係から生じている．一方，「月 (month)」という時間の単位は，文字通り，月 (moon) の運動によるものだ．月は地球の周りを（約）30日で一周するが，これが言うまでもなく「ひと月」である．月を基準に「1年」を決めると（これを太陰年という），1年が354.4日となる．太陽を基準に決めた1年（太陽年という）は365.25日だったから，約10日も太陰年の方が短い．10の3倍は30，つまりひと月なので，3年に1度，1年を13か月とすることで，正月がずれていく問題を解決できる．そこで，古代中国文明では，2種類の「1年」を設けた．すなわち，1年が12か月の年のことを「平年」，一方13か月となる年を「閏年」と呼んで区別した（これらの言葉が，意味は修正されつつも，現代の日本でいまだに使用され続けているのには驚かされる）．また，閏年の余分な月のことを「閏月」と呼んだ．閏月を春夏秋冬のどこに置くかについての規則はなかったようで，毎回変わったらしい．これを決める「政府」の会議は，きっと，もめにもめたことであろう．

1.2 メソポタミアの砂漠の星々

砂漠の夜は暗くて明るい．「暗い」のは，町の光が砂漠にはないからだが，

それがゆえに，星の光で砂漠の空は「明るく」輝く．天の川は，地平線から地平線へと架かる巨大な橋のように見えるし，流れ星は次々と落ちる．

メソポタミアとは，現在「中東アジア」と呼ばれる地域の，古い時代（紀元前数千年前）の呼び名であり，イラクを中心とするチグリス，ユーフラテス川に挟まれた部分に相当する．広い砂漠の中に流れる2つの大河に挟まれて，肥沃な土地が細長く広がっている．そこに古代メソポタミア文明は誕生した．

文明が生まれるはるか以前にも，多くの人がこの地域に住んでいたにちがいない．彼らは星の配列に興味を持ち，そのパターンに自分たちの知っている動物を当てはめた．サソリ（蠍），ライオン（獅子），蛇，カニ（蟹），魚などを使って，輝く星々の位置を覚えやすく分類した．毎晩毎晩，それは楽しいひとときだったことだろう．時には，友人同士で，「俺は獅子座を作ってみたよ．君の「逆さハテナ座」に比べれば，ずっと詩的でいいと思うね」などといった会話があったかもしれない．こうした情報交換の結果，星々のパターン分類は，長い年月をかけて整理，統合されて，共通の「星の結び方」へと収束していったのだろう．「長い年月」が許されたのは，星座をなす星が「恒星」すなわち動かない星だったからだ．このようにして，「星座」はゆっくりと生まれ，数千年経った現在でも同じ星座が利用されている．

宗教と科学に境界がなかった古代には，天上の星々に神々の姿も映し出されたはずだ．獅子座の横に，女神（乙女座）がいて，その向こうには蠍座が毒針のついた尾をもたげ，その向こうには射手座が弓を引いている，といったように，動物たちと神々がともに並んで夜空に浮かび上がれば，それらを結ぶ神話が生み出されるのは当然だ．

また，星座は季節とともに移り変わるということを，メソポタミアの人々はすぐに気づいたはずだ．春の盛りに獅子座があった位置は，夏になると蠍座に奪い取られてしまう．そのサソリも秋には姿を隠し，冬になれば雄牛座に場所を明け渡す．やがて双子座がやってきたかと思うと，再び獅子座が現れて，季節は春に戻る．そして，また同じことの繰り返しとなる．

夕暮れから朝焼けまで星の観測に没頭すれば，同じような変化は，一晩のうちにも再現される．たとえば，ある春の夕方を考えてみよう．太陽が西の地平線に沈んだ直後，東の空には乙女座のスピカが輝いている．南の空高くには獅

子座が構え，そして西の空には双子座が直立している．やがて，これらの星座は西に向かって回転移動を始め，真夜中ともなると，東の空には，真っ赤なアンタレスを心臓にもつ蠍座が昇ってくる．それもやがて南の空へと昇りだし，今度は天の川の輝きとともに射手座が東天に姿を現す．朝日が昇ると星座たちは青空へと消えていくが，もし青空の向こうの空を見通すことができるならば，山羊座や魚座，そして雄牛座などといった星座が順番に東の地平から昇ってくるのが見えるはずだ．

　このような星の回転周期が，「年」と「日」とに関係があることに，古代のエジプト文明や中国文明と同じように，古代メソポタミアの人々も気がついていたことだろう．1年が（約）365日だということは暦の発明へとつながり，農耕や文明活動の基礎となった．しかし，古代メソポタミアの人々は暦のみならず，星のパターン自体にも興味があった．なかでも，パターンが固定された星座の中をさまよい，動き回る不思議な星々「惑星」の動きをつぶさに追った．このような惑星はわずかに5つ：水，金，火，木，土．その動きは秩序だっているようでいて，じつはカオスであり，ふらふらと星座の中を渡り歩く．その不思議な動きを利用して「星占い」は始まったのだろう．

　星占いは，星座の位置と惑星の位置の関係で決まる．星座の位置はいつも同じだから，いったん観測が確定してしまえば，何年にもわたってそのデータは再利用ができる．一方，惑星の位置はつねに変化していくので，延々と観測し続けなければならない．このような理由で，最初の天文台はできたと考えられる．といっても，その観測手段は肉眼だった．最初の天文学者（つまり占星術者）の主な仕事は，惑星の位置を記録することと，その膨大な記録の保守が中心だった．やがて，このカオスの動きを，「計算」して予言してやろうと思い立つ人間が出てくることになる．しかし，それは古代メソポタミアの人々ではなく，古代ギリシアの人々だった．

第2章　世界の中心は川崎なのか？：宇宙の中心の探求

　どんな人も自分の生活場所を世界の中心だと思う．川崎に生まれ育った人に「あなたにとって世界の中心はどこですか？」と問えば，「川崎」と答えるはずだ．浦和や千葉に生まれ育った人に同じ質問をすれば，やっぱり「浦和」とか「千葉」という返事が返ってくるだろう．また，日本人に「日本の中心はどこか」と問えば，東京，京都，名古屋に長野，岐阜など，住んでいる場所や生活感覚によってさまざまな答えが返ってくるはずだ．富士山だという意見だってあるだろう．

　丸い地球を，平面の四角い紙に投影したのが「世界地図」だが，その中心は国や地域によって異なる．たとえば，日本で発行される世界地図は，その真ん中に日本列島を置くのが普通で，その右には太平洋とアメリカ大陸，その左には中国，ロシア，インドなどがあるユーラシア大陸を描き，地図の左の隅にヨーロッパを配す．ヨーロッパで作られる世界地図（これがおそらく世界でもっとも標準的なものだろう）は，英国諸島が中心に置かれる．それは経度0度の経線，つまり子午線が，ロンドン郊外にあるグリニッジ天文台を通過しているからだ．大英帝国にとってみれば，彼らの母国こそ世界の中心だった．アメリカ合衆国に行けば，やっぱり世界地図の中心は再びずれて，「新大陸」が中心にある．南半球にあるオーストラリアでは，オーストラリア大陸が中心にあるのみならず，南と北が上下正反対の世界地図を使っているところもあるという．

　洋の東西，古今を問わず，人は自分の住む場所を「世界の中心」に置きたがる傾向があるのは明らかだ．暦をつくるのをきっかけとして，年と日の周期の関連性を研究していった先にあったのは，宇宙の中心はどこにあるか，という問いだった．当然，最初の「宇宙」は地球と太陽の2つしかない宇宙だ．

図 2.1: 英国のグリニッジ天文台：左図は天体観測用の建物．右図は子午線とそのモニュメント．（筆者撮影）

そこに月を加え，星座をつくる無数の星々を加えたとしても，古代文明の人々にとっての，この世界の中心にあるべき天体の候補としては，地球と太陽の2つしかなかっただろう．太陽を神と崇める文明にとっては，世界の中心に太陽をもってくることもあっただろう．一方，人間中心の世界を考えた文明は当然地球を中心に置いたはずだ．時代が進み，科学や自然哲学が進歩したとき，後者は天動説，前者は地動説へと進化した．2つの対立する説は，ギリシア時代からルネサンス時代まで，二千年近くもの間，論争をくりひろげることになった．

2.1 ギリシアの哲学者たち

ギリシアの自然哲学が栄えたのは，紀元前6, 7世紀頃から紀元前3, 4世紀頃まで．あるいは，その後オリエント文明と融合して生まれたヘレニズム文明やローマ帝国の時代まで含めれば，（紀元）2世紀頃までといえるだろう．もちろん，その影響はその後も続き，ルネサンスの始まる15, 16世紀までは，ヨーロッパの自然哲学の中心を形成してきた．

ギリシアの自然哲学が，現代科学の基礎となっていることはたしかだ．原子の概念や，数学を用いた天体の軌道の解析など，自然の記述に際し素晴らしい発想力をいかんなく発揮している．しかし，気をつけるべきことは，ギリシアの自然哲学はまだ「科学」とはなりえていなかった点だ．「科学」の定義を大雑把にまとめれば，「事実をありのまま捉える考え方」となるだろう．これに

対し，ギリシアの哲学者たちは，実験や観測によって自分の思索の真偽をたしかめず，観念的に物事を思索する傾向が多分にあった．もちろん，幾何学などの数学や，論理学は採用していたし，若干の観測は行った．しかし，それを自然現象に適用するときに過度な理想化を行ったため，（現代の観点からすると）まちがった結論にはまってしまうことが多かった（もちろん，正しい認識にたどりついたものも少なからずある）．詭弁や修辞をこねくり回して，直感や現実とかけ離れた結論をわざわざ導いて楽しむような面もあった．たとえば，アキレスと亀のパラドックスというのがある．亀を抜こうとアキレスが走りよれば，亀はほんの少しだけ前に進んでいる．その進んだ先にアキレスが歩を進めると，亀はさらにほんのわずかながら，アキレスの先に動いてしまっている．つまり，これをどんなに繰り返しても，亀は必ずアキレスの「前」にいるため，亀より足の速いアキレスですら，亀を追い抜くことができない，という逆説だ．もちろん，現実にはアキレスでなくたって，亀を追い抜くことは誰にでも可能だ．

　実験による論証ではなく，論理学や理論の枠内のみで，ものごとの道理を知ろうとする傾向が強かったのがギリシア哲学だった．

　観測や実験から得られるデータは，複雑かつ無秩序に見えることが多い．誤差の多い，いい加減な観測や実験をすればなおのことだ．このような現実を受け入れ，誤差を認めたうえで混沌とするデータの中から真理を掘り出すことにギリシアの哲学者たちは努力を注がなかった．むしろ，そのような「泥臭い」ことをするのを忌み嫌う傾向が強かったように思える．

　さて，このような観測嫌いなギリシアの哲学者が思い描いた最初の宇宙は，平らな皿状の大地の上に人間が暮らすというものだった．しかし，これだと上下の問題が生じる．つまり，大地が海に浮いているのであれば，その海を支えている物はなにか，という問いである．その海を支えているものが大地であるのであれば，われわれの住む大地が特別な中心にあるとは考えがたくなる．しかも，その下にある物がまた大地ならば，それを支えるものがまた必要になってしまう．さもなければ，世界は永遠に落下し続けてしまうからだ．この無限ループの問題を解決するために，幾何学を重んじるギリシアの自然哲学者たちは，上や下といったように「対称性」を破るものは，基本的な存在とはなりえ

ない，という考え方を導入した．「円」や「球」こそが世界の基本要素である，という仮説を立てたのである．たとえば，すべてのものが円の中心方向に落ち込むと考えれば，円の中心にいるものはそれ以上「下」に落ちることはない．つまり，円の中心はきわめて安定な場所といえるというわけだ．

紀元前 5 世紀頃にピタゴラスが主張したのは，「調和していて完全であるものが宇宙である」という考え方だった．これを満足するためには，宇宙が同心円状の構造を持つ必要があるとした．同心円の間隔は，調和数と呼ばれる綺麗な整数の比になっているはず，とも主張した（たとえば，1：2：3：4：9：27 など）．また，物体の「完全な運動」とは等速円周運動だと考え，惑星や恒星の運動に適用した．さらに，地球は宇宙の中心におかれた．

ピタゴラスの宇宙観は，プラトンなど多くのギリシア哲学者に好まれ，その後の宇宙観のほとんどが，同心円（あるいは同心球）構造をもち，等速運動する宇宙観となった．もちろん，多くの人はその中心に地球をおいた．

なかには太陽を中心においたり（紀元前 3 世紀頃のアリスタルコスの地動説など），「中心火」などという仮想的な天体をおいたモデル（紀元前 5 世紀頃のフィロラオスなど）も現れたが，このような諸説が混じり合う状況を一喝し，天動説へと統一したのが，紀元前 4 世紀頃に登場したアリストテレスだった（注意すべきことは，これで天動説が科学的に正しいと証明されたということではない，ということだ）．

アリストテレスは，プラトンの弟子で，ギリシア時代を代表する偉大な哲学者だった．しかし，天文学においては独創的な成果は残していない．基本的には，ピタゴラスの「調和し完全な宇宙観」を継承し，プラトンの弟子のエウドクソスが考案した同心球説を，宇宙の姿として採用した．アリストテレスは，むしろ，それまでのギリシア哲学を総括し体系化したことで高く評価された．それゆえ，その著作は権威とみなされ，内容が再検討されることはなくなってしまった．この状態は中世ヨーロッパの時代まで続く．

現代の観点からすると，中世のヨーロッパでは，科学的真実への探求は退化してしまい，もっぱらアリストテレスの著作を読んで記憶するだけに堕落した．アリストテレスが率いる学派は，権威として広くそして長期間にわたって受け入れられたため，自然科学の発展を数百年近く退化させたのみならず，二

千年近くの間停滞させた．たとえば，天動説の固定化のみならず，地球は自転しているという認識まで破棄してしまった（ちなみに，ピタゴラスは天動説を採用しているが，地球の自転は認めている）．

2.2 天動説：宇宙の中心は地球か？

川崎に生まれ育った人たちがそう感じるように，ギリシアの哲学者たちに代表される「地球人」の多くも，宇宙の中心は自分たちの住む所（すなわち地球）だと考えた．それは，アリストテレスの権威によって固定化され，後のローマ帝国，バチカンを中心とするカトリック教徒へと引き継がれた．こうして二千年の長きにわたって，キリスト教を中心に据えたヨーロッパの文明は，いかにも「人間中心的な」宇宙観を持ち続けることになった．

地動説が確立するルネサンス後半の 17 世紀にいたるまで天動説は生き延びる．しかし，この間の二千年が天動説にとっての安息な期間だったわけではない．意外にも天動説は順風満帆とはいえない苦難の道のりをたどった．「間違った出発点」を選ぶと，複雑で矛盾に満ちた事柄が次々と持ち上がり，後から来る者を悩ませ苦しめることになる，という典型的な例といえよう．

アリストテレス (384BC〜322BC) はプラトン (427BC〜347BC) の弟子であり，またプラトンはソクラテス (469BC〜399BC) の弟子だった．この三人はギリシアの三大哲学者と呼ばれ，ギリシア時代の知識人を代表する存在である．

ソクラテスは天文学にほとんど興味を持たなかったが，プラトンは，ピタゴラスの「調和し完全な宇宙」という概念に強く影響され，ピタゴラスの主張を全面的に継承した．たとえば，天動説を信じ，地球から，月，太陽，金星，水星，火星，木星，土星の順番に同心円を描く惑星の配置を考えた．また，惑星の間隔は，$1:2:3:4:9:27$ といった「調和数」によって与えられるとした．

プラトンの弟子にエウドクソス (407BC〜355BC) がいた．彼はプラトンと意見が合わず破門されたといわれる．師匠の力量に匹敵，あるいは凌駕するような才能あふれる弟子が疎んじられるのは，古今東西を問わぬ，ある種の真理なのかもしれない．エウドクソスの場合，その幾何学の才能が抜きん出てい

図 2.2: 乙女座の中を動く土星. 2011 年春 (4 月下旬) から夏 (7 月下旬) にかけての土星を重ね合わせた写真. この時は, 乙女座の γ 星に近づき, その手前で引き返した. 引き返す瞬間, 惑星の運動が止まるように見える現象を「留」という. この年の留は 6 月 13 日だった. γ 星ポリマと「C」とラベルされた星の説明については, 図 2.5 の説明文を参照のこと. 左上囲み：小口径の望遠鏡で拡大撮影した土星の輪. 右囲み：長時間露光による土星の衛星の観測. タイタン（左側）とレア（右側）がわかる. (筆者撮影)

た. 彼の考案した「同心球モデル」は, 当時すでに知られていた惑星の不規則な運動（図 2.2 を参照）を説明するために考案された. このモデルは, 大きさの少しずつ異なる球殻を, 寄木細工のように組み合わせたもので, それぞれの球殻は異なる方向軸の周りに, 異なる回転周期で回転する. 惑星の複雑な運動を表現するには, 少なくとも 4 つの球殻が必要となるため, 水, 金, 火, 木, 土の 5 つの惑星運動を表すためには少なくとも 20 個の球殻が要る. 一方, 太陽と月は逆行しないので, それぞれ 3 つの球殻だけですむ. 最後に, 恒星の運動は最外殻 1 つだけで事足りる. こうして, エウドクソスの天動説は 27 個の同心球の組合わせとして表された. この模型は, 同心球の数を増やせば増やすほど, 天体の「夜空における位置」ならば, より正確に表現することができる. しかし, 金星や火星の明るさが大きく変化することが, 観測によってギリ

シア時代にも知られており，これは地球と惑星の距離が時間変化することを示唆していた．エウドクソスの同心球モデルでは，惑星と地球の距離はつねに一定になってしまうため，惑星の光度変化を説明することができなかった．このため，エウドクソスは自分の説は，惑星の位置を説明するだけの便宜的な「モデル」にすぎない，と思っていたようである．

　アリストテレスも天動説を信じ，エウドクソスの同心球説を受け入れた．しかし，彼はエウドクソスとちがって，実際の宇宙が同心球構造をもっていると考えた．光度変化の問題は無視してしまったのである．天体の配列は，地球，月，水星，金星，太陽，火星，木星，土星，そして無数の恒星とした．それぞれの天体運動は，各々の球殻の等速円周運動の組み合わせによって実現されると考えた．

　さらに，月より外の世界をコスモス，月より内側の世界をウラノスといって区別した．コスモスは完全不変の世界であって調和に満たされた世界とする一方，地球を含むウラノスは生成消滅，生と死などが蔓延する不完全な世界だと定義した．宇宙の中心にある地球は自転すらせず，永久に宇宙の中心に鎮座しており，その周りを星々が等速で円周運動していると考えた．その考えは幾何学的な「美しさ」という観点に偏って導出された．

　アリストテレスがまとめたギリシア時代の天動説において円や等速運動が選ばれたのは，幾何学的な対称性や美しさが主な理由である．観測を通し自然の真理を究明する，というよりは，自らの論理に矛盾がなければ，観測によって生じる矛盾や問題は無視してしまった．したがって，現代の観点からすると「科学」とは呼びがたいものとなっている．

　じつは，天体の運動（とくに惑星の運動）の観測の基礎は，ギリシア時代をはるかに遡るメソポタミア文明の人々による長年の観測にあった．その運動はカオスであり，予言が不可能であることを彼らは発見していた．それがゆえに占星術が生まれたことは先にも述べた．アリストテレスのまとめた天動説では，これらの観測事項を矛盾なくすべてを説明することはできない．また，惑星のみならず，彗星や流星，さらには星雲，銀河，超新星など，アリストテレスの宇宙には収まりきらない天体も，メソポタミアの人々は気づいていた．ギリシアの哲学者もそれらの天体の存在は伝え聞いていたはずである．しかし，

図 2.3: 晴れの海（円形状の大きな暗い部分）と，その上に並ぶエウドクソスクレーター (E)，およびアリストテレスクレーター (A)．アリストテレスは，エウドクソスが提唱した（地球を中心とする）同心球宇宙を信じた．一方，発案者であるエウドクソス自身は，同心球宇宙は単なるモデルにすぎないと考えていた．彼らの名前を冠したクレーターが仲良く並んでいるのは興味深いが，やはりアリストテレスクレーターの方が大きい．ちなみに，晴れの海を分断する光条線上にある小さなクレーターをベッセルクレーター (B) という．ベッセルはドイツの数学者，天文学者．量子力学でよく使用されるベッセル関数について研究したり，恒星の年周視差を史上初めて測定するのに成功した．また，アリストテレスクレーターの先に，ガレクレーター (G) がある．ガレはドイツの 19 世紀の天文学者で，フランスのルヴェリエと共同で海王星を発見した．（写真は筆者撮影）

彼らの哲学，すなわち「幾何学的な美」に合わせるため，ごまかしたり，無理な説明を与えたり，無視したりした．

2.3 ヒッパルコスの悩み：周転円と離心円

観測や実験を疎むギリシアの哲学者のなかにあって，ヒッパルコス（紀元前 2 世紀頃）は例外的な存在だった（図 2.6 参照）．毎晩，肉眼による天体観測に励んだのであった．それは，古代メソポタミア人の知識を確認することから始まり，アリストテレスの天動説が観測結果とつじつまが合うかどうか審査するのが最後の目標だった．

ある夜の観測中，蠍座の付近に突然現れた新星 (Nova) に気づいた．アリス

トテレスの宇宙観では，星々はコスモスに属しているから，新しく生まれたり，消えてなくなってはならない．新星はあきらかにアリストテレス学派の提唱する宇宙からははみ出た存在だった．それだけに，ヒッパルコスの興味をひいたのだろう．しかし，ヒッパルコスはこの矛盾を厳しく追究し，アリストテレスの宇宙観を否定しようとは思わなかったようだ．ただ，新星の位置を正確に記録し，過去の観測データと比較するために，全天の星分布図をつくることにした．太陽の通り道，つまり「黄道」を基準にし，そこからの角度（緯度）によって星の位置を記録した．また，経度に関しては，春分の日の太陽の位置を基準とした．こうして，精密な恒星の分布図は数年の観測を経て完成した．

しかし，星図が完成する頃になると，新星は暗くなり視界から消えていった．ヒッパルコスが生きていた間，新星という現象が発生したのはこれが唯一だった．しかも，それから1800年近くもの間，誰一人として新星を見たものはいなかった（次に新星が発見されたのは1572年のことだった．見つけたのはデンマークのティコ・ブラーエだった．彼の仕事については後で詳しく見ることにする）．望遠鏡のなかった時代，肉眼に映る新星の発生と消滅はかなり例外的なものであり，日常的な天文現象ではなかった．

新星に代わってヒッパルコスの心を捉えたのは，星座の間を不規則に動き回る惑星の，不思議な運動だった．彼は自分でつくったばかりの星図を利用して，惑星の位置を毎晩のように記録し始めた．自分自身で惑星の位置を実測してみると，たしかに惑星は恒星の間をさまようように，星座の間を動き回っていた（図2.2および図2.5参照）．エウドクソスやアリストテレスが考案した，地球を中心とする同心球模型を使えば，惑星の複雑な動きはなんとかある程度までの記述はできるものの，その複雑さは度を越えていた．しかし，ピタゴラスに始まる，幾何学を中心にして世界を説明するやり方は踏襲しなくてはならない．もっとも調和のとれた形である円や球を使って，天体の運動をもっと簡明に記述するにはどうしたらよいか，ヒッパルコスは熟考を重ねた．そして，3次元の球ではなく，2次元の円を用いて惑星の不規則な運動を説明することに成功した．その際，2つの幾何学的な手法を適用した．

その1つが離心円である（図2.4参照）．離心円が解決できる問題の1つは，非等速な天体運動の記述である．じつは太陽の運動が非等速であることをギ

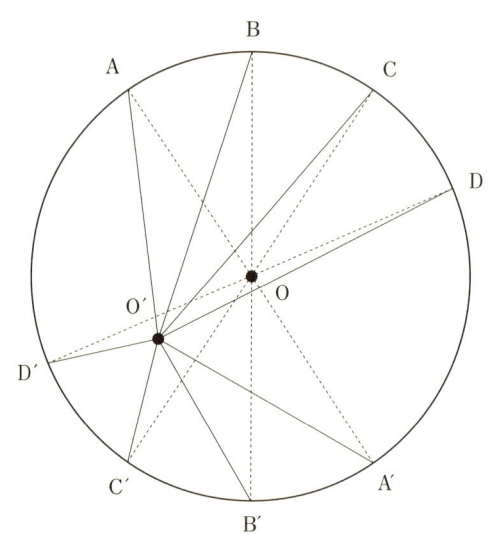

図 2.4: 離心円の例．O が円の中心．O′ の位置に地球がある．太陽は円周上を等速で運動する．

リシアの哲学者たちは気づいていた．1 年を 4 つに分けるのが季節であり，それぞれの季節を春分，秋分，夏至，冬至によって分けるとしよう．ギリシアの定義では，春は春分から夏至まで，夏は夏至から秋分までである．もし，太陽の運動が等速ならば，1 つの季節の長さは，365.25 日を 4 で割った 91.3125 日のはずで，それは春，夏，秋，冬を問わず一定のはずである．しかし，観測してみると，「冬」の長さは，「夏」の長さよりも短くなる．夏の方が冬より長いということは，冬の方が太陽の運動速度が大きいということだ（この問題をギリシアの哲学者たちは「アノマリー」と呼んだ）．

四季の長さが違うことを，2011 年の日本のカレンダーを使ってたしかめてみよう．この年の春分，夏至，秋分，冬至，そして翌年の春分の日付は，それぞれ，3 月 21 日，6 月 22 日，9 月 23 日，12 月 22 日，そして 3 月 20 日となる．2012 年は閏年であることを考慮すると，春（春分から夏至まで）の長さは 93 日，夏（夏至から秋分まで）も 93 日となる．一方，秋（秋分から冬至）は 90 日，冬（冬至から春分）は 89 日となって，どんどん短くなる．

しかし，アリストテレスによれば，太陽の運動は等速でなければならない．

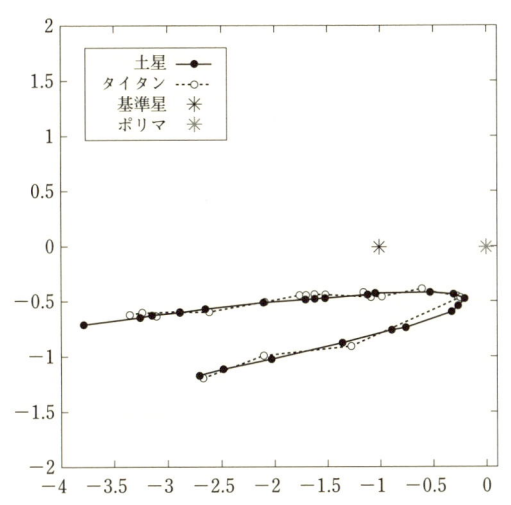

第 2 章　世界の中心は川崎なのか？：宇宙の中心の探求

図 2.5: 図 2.2 の観測データを解析した土星の逆行の様子．梅雨入り後の 6 月 13 日に留となったため，その付近の，曇り空で微かにしか土星が写らなかった日のデータも加えてある．基準星 "Coord. star" は，ポリマとともに座標の割り出しのために利用した目印の星（図 2.2 中で「C」とラベルされた星）．動き回る惑星の位置を割り出すには「座標軸」が必要で，そのためには最低でも恒星が 2 つ必要となる．ヒッパルコスは全天の星図を数年かけて作成し，複雑な惑星の運動の研究を何年も行った．（筆者作成）

この矛盾（つまりアノマリー）を解決するために，ヒッパルコスは離心円を用いることを思いついた（図 2.4 参照）．まず，太陽は中心 O の周りを等速円運動すると考える（図で，角 AOB, BOC, COD, A'OB', B'OC', C'OD' はすべて等しいとする．等速で動くので A → B, B → C, C → D といった各区間における所要時間は皆等しくなる）．これは，等速円運動からなるアリストテレスの宇宙観そのものである．

ここで地球を O においてしまうと，季節の長さに違いがあることを説明できない．そこで，O から少し動かした位置，たとえば O' に地球をおくことにする．そうすると，O' から見たとき，太陽が A,B,C,D を動くときに比べ，A',B',C',D' を動くときの方が早く進むように「見える」（たとえば角 CO'D に比べて，角 C'O'D' は大きい．C → D を動く時間と，C' → D' を動く時間は同じだから，その速度は C' → D' の区間の方が大きくなる）．ヒッパルコス

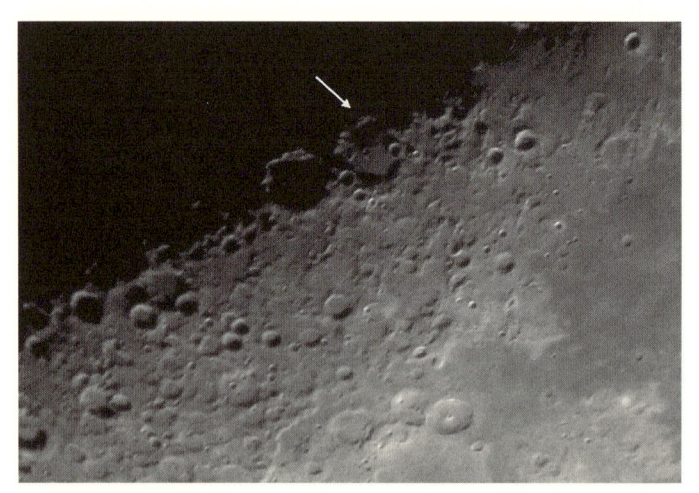

図 2.6: 月面のヒッパルコスクレーター．ヒッパルコスの業績を讃えて名付けられた．（筆者撮影）

は，この方法によって，アリストテレスの宇宙モデルをひどく壊すことなく，太陽やその他の惑星の運動の非等速性を説明することができたのだった．

もう 1 つの問題は惑星の逆行だった．惑星の位置を長い間観測し続けると，星座の中を移動するのみならず，移動方向を正反対の向きに変えたり（図 2.2 や図 2.5 参照），ときにはループを描いて回転するなど，不規則な運動を示すことがわかる．この問題を解決するために，ヒッパルコスは「周転円」という方法を惑星の運動の説明に適用した．周転円とは，円の上を回る円のことである（図 2.7 参照．周転円はもともとは幾何学の概念で，アポロニウスが数学の問題として研究していた）．

しかし，離心円や周転円によって，惑星の運動を説明できるのは最初のうちだけで，長い間同じ周転円を使い続けていると，実際の観測からのズレが大きくなってきてしまう．とりわけ，アノマリーの問題は深刻だったようだ．ヒッパルコスは遠い先の未来まで予言することには興味がなく，直近の惑星の移動の様子が それなりの精度 で説明できればそれで満足だったようだ（こういうレベルの説明を「定性的な説明」という）．ヒッパルコスは，この問題を突き詰めて解決しなかった．つまり「定量的な説明」は追究しなかった．

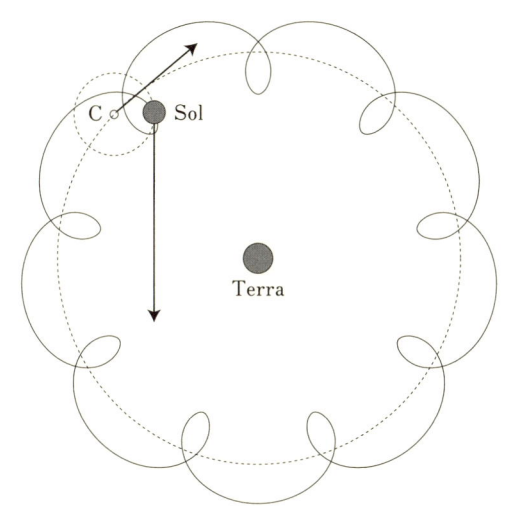

図 2.7: 周転円の例．地球 (Terra) を中心とする大きな円に沿って，小さめの周転円（中心 C）がある場合．この図では，周転円の中心 C が地球の周りの回る角速度と，周転円上を回る太陽 (Sol) の角速度の比が 1：10 の場合が描かれている．半径の比率や，角速度の比率を変更すると様々な軌道を描かせることができる．（筆者作成）

2.4 天動説の完成：プトレマイオスの理論

　ヒッパルコスが見つけた離心円と周転円の手法を使って，より精密に，かつより長期間にわたって惑星の運動が説明できるよう理論を改良する仕事が，後続の自然哲学者たちの課題として残された．あるものは，周転円の上にさらに小さな周転円を加えることでズレをなくそうと試みた．ところが，複数の周転円を用いた方法ですら，最初はうまくいっているように見えても，結局時間とともに再びズレが大きくなってしまった．数学や物理の問題を解くとき，出発点や最初の仮定を間違えると，にっちもさっちも行かなくなることがあるが，修正された天動説も「後々ツケが回ってきた」よい例といえるだろう．

　それでも，周転円や離心円を必死に駆使して観測とつじつまを合わせ続けた成果は，紀元 2 世紀ごろにプトレマイオスによってまとめあげられた．しかし，時間が経てば経つほど，観測における惑星運動の不規則さは際立ち，周

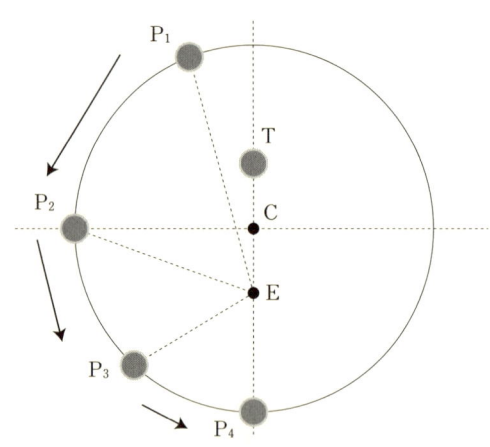

図 2.8: エカントの概念図．E がエカント，C が離心円の中心，T が地球（宇宙の中心）．ある決まった時間間隔（たとえば 1 か月ごと）における惑星（より正確には周転円の中心）の移動位置を P_1, P_2, P_3, P_4 とする．惑星が P_i から P_{i+1} に回転移動する際に，同じ時間間隔だけかかるとする．惑星の角速度が等速になるように見える点がエカントである（$\angle P_1EP_2 = \angle P_2EP_3 = \angle P_3EP_4$）．しかし，惑星は離心円に沿って運動するので，離心円上における実際の惑星の速度は地点によって異なる．たとえば，P_1 における速度の方が P_4 よりも速い．（筆者作成）

転円と離心円だけでは修正は困難となっていた．そこで，プトレマイオスは「エカント（equant，あるいは punctum aequans）」という点を考案し，これにより理論と観測とのずれを小さくしようと試みた．エカントは，離心点に対して，地球と正反対の位置におかれる（図 2.8 参照）．エカントは「虚空点」といわれることもあるが，要はつじつま合わせの仮想的な点である．ヒッパルコスの考えでは，周転円の中心は，離心円の中心の周りに回転した．このときの運動は等速円運動である．一方，プトレマイオスの考えでは，周点円の中心はエカントの周りに等角速運動を行う．しかし，その軌道は離心円に沿っている．したがって，エカント周りの等角速度運動とは，結局離心円の周りの「非等速運動」を導入したことと同じだ．

プトレマイオスがまとめあげた内容は，「アルマゲスト」という全 13 巻の本として出版され，アリストテレス以来の 300 年間に築き上げられた天動説に関わるすべての叡智が詰め込まれた．「エカント」という複雑な幾何学的な概念を登場させ，それを周転円と離心円と組み合わせることで，なかば強引に

惑星の運動を説明することに成功した．その報酬として，ヒッパルコスの理論よりも「定量的な」精度は格段に向上した．しかし，シンプルでエレガントな「等速運動する同心円の宇宙」という元来ピタゴラスやプラトンが提唱した素朴な宇宙観とはかけ離れてしまった．幾何学を駆使した複雑な説明は，ギリシアの哲学者の一部から批判を受けたらしい．しかし，ヒッパルコスの理論と比べれば，格段に予言能力が上がったプトレマイオスの理論は，しだいに受け入れられていった．こうして天動説は「完成」したのである．この後，ルネサンス時代に地動説が復活するまでの1500年以上もの間，アルマゲストは天文学の「聖典」として読み継がれた．むろん，この間は，天文学の進歩は止まってしまった．

　また，アルマゲストに従って惑星の位置を計算したとしても，何百年も先まで正確に予言することはできなかった．やはり，少しずつ実測とのずれが広がり，最後は破綻してしまった．破綻したら計算をその時点から再びやり直すのであるが，この事実を知った者たちはプトレマイオスの理論が「完全なもの」だとは思わなかった．そんな一人が16世紀に登場するコペルニクスだった．

2.5　コペルニクスの地動説：パラダイムシフト

　長いローマ帝国の時代を経て，ヨーロッパが中世（16世紀頃）に入っても，アリストテレスの考えを改良した「天動説」は依然として受け入れられていた．プトレマイオスのまとめた「アルマゲスト」は聖典であり，「宇宙の真理」だとみなされた．とくに，カトリックの総本山であるバチカンによって，天動説が「真理」であると承認されたことにより，自由な議論が阻害されてしまった．つまり，天動説は神の言葉と同じ位置にあり，それに異を唱えることは，神を否定することと同じとみなされた．しかし，よくよく考えてみると，この「天動説」は，そもそもアリストテレスや古代ギリシアの哲学者たちの個人的な思想であり，「人間の言葉」以外のなにものでもない．人間が勝手に決めた「神の言葉」は，必ずしも「真理」とは限らない．

　16世紀のヨーロッパにおける学問の中心はイタリアだった．ピサ大学やボローニャ大学には，ヨーロッパ各地から学生が集まり，共用語であるラテン語

を使って交流し，留学生活を送った．そのなかに，ポーランドから来たコペルニクス (Nicolaus Copernicus, 1473-1543) がいた．コペルニクスは自然哲学に興味をもっていたが，それ以外にも神学や医学など，就職に役立ちそうな学問も勉強した．留学資金を援助してくれた叔父（じつは育ての親）の意向もあったのかもしれない．友人たちと議論を重ねたり，アルマゲストなどの古典を読みふけりながら，自分の考えを練っていった．ただし，ギリシアの哲学者と同様，コペルニクスも実験や観測はあまり行わなかった．自然哲学の勉強に没頭しているうちに，アルマゲストに記述されている「天動説」があまりにも複雑なことが，コペルニクスには不自然に感じられた．とくに，プトレマイオスが持ち込んだエカントの概念をコペルニクスは嫌った．エカントの周りの等「角速」回転は実質上の「不等速回転」の導入であり，等速同心円運動という古代ギリシアの精神が壊されていると感じた．この問題を解決するために，コペルニクスは思索を重ね，考えを深めた末，「地動説」にたどりつく．

ポーランドに帰国し，僧侶（兼医者）として働きはじめたコペルニクスだが，自然哲学の研究も仕事の合間にやり続けた．何年もかけて自説をまとめあげ，そして論文の原稿は完成した．しかし，その出版は思いとどまっていた．バチカンを中心とする教会に楯をついていると思われるのを恐れたためだった．宇宙観の大変革をもたらした「地動説」の論文の原稿は，こうして長い間，引き出しの奥にしまい込まれることになる．

イタリアで交流をもったコペルニクスの友人たちも，留学を終えてそれぞれヨーロッパ各地の生まれ故郷へと散っていった．コペルニクスは，自分の理論の概要を友人たちに書き送っていたらしく，このような友人を通じてコペルニクスの噂はヨーロッパ中に広まっていく．そのうち，「地動説」のことをもっと知りたいと思う学者が現れた．その一人がオーストリアの数学者レティクス (George J. Rheticus, 1514-1574) だった．彼は，コペルニクスが「地動説」の論文を発表しないことを残念に感じていた．そこで，代理出版の許可を得ようと思い，ポーランドまでコペルニクスに会いにやってきた．コペルニクスは当然ためらったが，強く説得され，結局，「地動説」を紹介する形をとった小論文として，レティクスが発表することまでは許可した．その評判を見て，自らが出版するかしないか判断するためである．

「コペルニクスの理論について」と題された短い紹介論文は，意外にも好意的に受け入れられ，教会からの文句もつかなかった．この結果をみて，コペルニクスはついに「地動説」の出版を決意する（出版の実務はレティクスに任せたため，論文はドイツで出版された）．印刷された本ができあがり，それを届けにレティクスがポーランドを再訪したとき，コペルニクスはすでに死去していた（ただし，見本刷は，死の床にあったコペルクニクスのもとへ届けられたという話もある）．こうして，著者本人は永久に自作が世に出るのをみることなく，「天球の回転について」（*De revolutionibus orbium coelestium*, 1543年）と題された，コペルニクスの地動説をまとめた本は出版された（その初版本は 170 冊余りが現存し，2008 年に日本で行われたオークションでは 1 冊 1 億 5000 万円の値がついたという）．

コペルニクスの地動説とは，(i) 宇宙の中心は太陽だということ，そして (ii) 地球は惑星の 1 つにすぎず，他の惑星と同様に太陽の周りを回っている，というモデルである（図 2.9 参照）．ただし，エカントを排除した代わりに，等速円運動は復活させている．

自分の世界を「宇宙の中心」におきたがる人間の性質をよく反映したのが天動説だ．地動説は，人間の「中心願望」を否定した最初のケースだ．宇宙の中心を，どんでん返しのように変えてしまったコペルニクスの地動説は，「パラダイムシフト」（発想の大転換という意味）の典型例だと言われる．

さて，地動説を受け入れれば，複雑な惑星の運動は，移動する地球から別の移動天体を見ていることによって生じる，見かけの複雑さにすぎないことが説明できる．地球から離れて，宇宙のはるか上から高みの見物を決め込めば，地球や他の惑星は規則正しく太陽の周りを回転しているにすぎない，というわけである．

しかし，コペルニクスの地動説には欠点もまだいくつか残されていた．その 1 つが，コペルニクスは惑星の運動を等速円運動としていた点だ．これは，ヒッパルコスやアリストテレスと同じ仮定だ．コペルニクスは，古代ギリシアの哲学者を尊敬していたので，この足かせを外すことは無理だった（そもそも地動説は，プトレマイオスの持ち込んだエカントによる「実質上の不等速運動」を排除し，「古き良き時代の宇宙論」に戻すためだった）．後に判明する

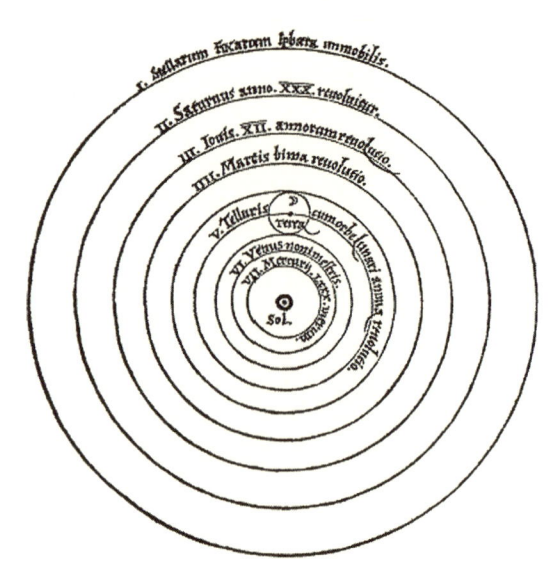

図 2.9: コペルニクスの「天球の回転について」に載っている地動説の概念図（注意するべき点は，これは「天体の並び方」に関する概念図であり，コペルニクスの実際の天体軌道理論ではない点．コペルニクスの地動説では，周転円や離心円は生き残っている．惑星間の距離も適当に描かれている）．真ん中に太陽 (Sol) があり，水星，金星，地球 (Terra)，火星，木星，土星の順番に惑星が配置されている．月は地球の周りを回っている．(出典，Nicolai Copernici Torinensis, "De revolutionibus orbium coelestium", 1543)

ように，実際の惑星は本当に「不等速」で運動している．したがって，プトレマイオスの進んだ方向は，じつは「正しい」方向だったのだ．もちろん，それは地球を宇宙の中心においてしまった段階で大きな間違いを犯しているわけだが，観測に合うように努力すればするほど，「醜い不等速」をなんらかの形で理論に持ち込まなければならなかった．プトレマイオスは，エカントという「詭弁」のような方法で，伝統の「等速円運動」の枠をできるだけ壊さないように，「不等速」を持ち込んだのだから，むしろ「天才」と呼ばれてもよいだろう（もちろん，真理を探求するという観点からすれば，この努力は不毛な努力だ）．

　コペルニクスは，「等速運動」をより重要視したため，「地球中心」という概念を放棄せざるをえなかった．これは幾何学の観点からすれば，中心に何があろうと，数学的な美しささえ保たれるのであれば，その変更に関しては我慢す

ることができたということだろう．しかし，幾何学を深く理解する天文学者には耐えられることであっても，普通の人にとってみれば宇宙の中心が地球から太陽に変更されるということは革命的なできごとだった．20世紀の科学史家トーマス・クーン (Thomas Kuhn, 1922-1996) は，コペルニクスの地動説を「パラダイムシフト」と呼んで，人間の思想史における最大の出来事とみなした．しかし，それは地球中心を維持しつつも，アノマリーを解決しようと努力したプトレマイオスと大差ないのかもしれない．コペルニクスは太陽中心の案に変更し，エカントを排除することに成功したが，等速円運動を復活させてしまった．

また実際上の問題もあった．コペルニクスは，太陽を中心とする等速円運動の理論に基づいて惑星の軌道を計算してみたところ，プトレマイオスの理論よりも観測からのずれが大きくなってしまった．そこで，周転円を復活させざるをえなかった．さらに，周転円に周転円を重ねて説明しなくてはならない場合も出てきた（プトレマイオスの理論では，周転円は各惑星に1つずつで済んでいた．ただし，水星だけは例外）．プトレマイオスの理論を簡略化し，古き良き時代の宇宙観に戻すという目論見は外れ，コペルニクスの理論は予想外に複雑な理論と化してしまった．

しかも，このような修正を経た後でも，コペルニクスの理論に基づく計算は，プトレマイオスの理論と大差のない結果をもたらすにすぎなかった．中心を太陽にするというだけの描像のもとでは，惑星運動の精密な記述をすることはまだ不可能だった．じつは，アノマリーの問題は思った以上に深刻な問題だったのである．

とはいえ，異なる視点をもつだけで，複雑なもの（逆行など）が簡単に説明できるようになったのは大きな進歩だった．コペルニクスの地動説によって，宇宙の構造に対する「定性的な理解」は得られた．次のステージは，定量的な理解，すなわち精密な惑星軌道の計算を可能とする理論を構築することであった．

図 2.10: 月面のクレーター．ティコ (Tycho)，コペルニクス (Copernicus)，ケプラー (Kepler) など，天文学に貢献した人々の名前がついている．クレーターから伸びる白い光条線は，隕石衝突の際に飛び散った土砂や岩石の跡である．（筆者撮影）

2.6 ティコ・ブラーエ：肉眼観測の最高峰

満月になると，「兎の足先」辺りに，白い大きなクレーターが目立ってくる．そこから伸びる光条に似た線状の地形は，クレーターから多くの土砂が周辺に飛び散った形跡で，その昔大きな隕石が月面に衝突したときの名残である．このクレーターには「ティコ」という名前がつけられている（図 2.10 および図 2.11 参照）．

ティコクレーターの地名は，デンマークの天文学者ティコ・ブラーエ (Tycho Brahe, 1546-1601) の業績を讃えて付けられた．ブラーエは苗字で，名前がティコである（ちなみに，ガリレオもミケランジェロもレオナルドも「名前」で呼ばれることが多い．これは，偉大な人物は苗字ではなく名前で呼ぶ，という慣習がイタリアにはあるため）．

図 2.11: ティコクレータの拡大図．（筆者撮影）

ティコはコペルニクスが死んでから数年後に生まれた，16 世紀後半の天文学者である．ギリシアの自然哲学者やコペルニクスとは違って，ティコは観測家だった．しかも，望遠鏡が発明される前の時代に活躍した，肉眼観測の最高峰であった．コペンハーゲンで生まれたティコは，良い眼の持ち主で，幼少の頃より星座の観測を好んで行った．全天の星分布を完全にマスターしていたという．

天文学に傾倒したきっかけは，14 歳のとき（当時の大学 1 年生に相当）に見た部分日食だった．とくに目を見張るような天文現象とはいえない，このどちらかというとつまらないできごとに，若いティコはひどく感銘を受けた．それは，天文学者が予言した通りに部分日食が起きたからだった．「未来を予言できること」に心打たれたティコは天文学を勉強することを心に決めた．

1572 年 11 月 11 日の夜，26 歳となったティコはいつものように星空を眺め，肉眼観測を行っていた．すると，カシオペア座の「女王の椅子」の部分に見慣れない明るい星が現れているのに気がついた．新星 (Nova) だった．新星の発見は，紀元前 2 世紀のヒッパルコス以来，1800 年ぶりの快挙だった．全天の星の位置を記憶し，かつ毎日星々を観測している者のみが，新星を発見することができる．

ヒッパルコスも全天の星分布をマスターし，連日天体観測にいそしんだことは前に触れた．ヒッパルコスの場合は，蠍座の脇に現れた新星の発見だった．残念ながら，ヒッパルコスの時代に，彼と同じレベルまで能力を高めた観測家は存在せず，その発見は他の観測家によって確認されることはなかった．

しかし，ティコの時代には複数の観測家が存在し，彼の新星発見はヨーロッパ中の天文学者によっても確認され，確実な発見として承認されたのである．「科学」というのは，真理／真実の探求であるから，再現性が重要となる．つまり，発見者の記録通りに観測すれば，誰でも同じように「新星」を見ることができるようでなくてはならない．その意味では，16世紀になって，ようやく人類は「科学」を始める準備を整えたといえる．

ヒッパルコスは新星を発見していたが，アリストテレス学派の正式な見解は，「新星などというものは存在しない」という立場だった．修正された天動説をまとめたプトレマイオスのアルマゲスト全13巻にも，新星について記述した箇所はまったくない．アリストテレス学派の「宇宙観」では，新星や彗星，流星などといった天体は無視されていた．これは，「天界（コスモス）は完全であり，不変である」というアリストテレスの信念が強く影響している．コスモスはすでに完成した「完全な世界」なので，新しい星が生まれたり，消滅して消えてしまったりすることはあってはならないことだった（これは，「絶対安全な原発」は改良や改善が不要だという，かつての「原発神話」とよく似ている．結局，福島第一原発では，40年前に建造されたまま，改良や改善が不十分の古い原発からメルトダウンを起こして壊れた）．しかし，少なくとも古代メソポタミアの人々は流星や彗星に気づいていたので，その情報は古代ギリシアにも当然伝わっていたはずだ．ましてや，ヒッパルコスは新星を発見しているから，アリストテレスの宇宙観が必ずしも「真理」ではないということは，紀元前2世紀ごろに活躍したギリシアの自然哲学者には「暗黙の認識」があっただろう．それはただ，権威に逆らえなかっただけで，心の奥底では「嘘ばっかり言って」と思っていたはずだ．しかし，「コスモスの完全性」の教条が定着し，聖典としてアルマゲストだけを読みこむ時代になってからは，アリストテレスの宇宙観を疑うものは消えていってしまった．16世紀までの人々は，したがって，「コスモスは完全であり，不変である」と本気で信

じていた（これも，日本の「原発神話」と似ている．歴史は繰り返すという諺を思い浮かべる人は多いだろう）．

このような背景から，当初この新星が現れたとき，多くの人がそれは恒星ではなく惑星であろうと考えた．地球の近くで動き回る星，つまり惑星ならば，どこからともなくやって来て，いずれは去っていくことはあってもいいと多くの天文学者は考えた．そうなれば，アリストテレスの教えは少しは救われて，旧来の宇宙観は維持される．そして，人々の心は安らぐというわけだ．こうして，新星の運動を証明して，旧世界の秩序を維持しようと，ヨーロッパ中の天文学者が新星の位置観測を始めた．

ティコは当時最高精度を誇った自らの測定機器を駆使し，新星の位置を辛抱強く正確に記録し続けた．そうして，新星は動いていないことを証明したのである．ティコに続き，続々と「新星は天空に静止」との報告が他の天文学者たちから発せられた．「科学的に」証明された新星の出現とその不動性は，中世の人々に大きな衝撃を与えた．アリストテレス以来，2000年近くもの間，人々の思想を支配した「誤った考え」がやっと壊れ始めたのであった．「観測」の強さ，「真実」の頑強さには，どんな権威も抗えないということであろう（とはいえ，いったん間違えを受け入れてしまうと，その修正をするためには長い時間辛抱しなくてはいけないが）．ティコは，自分が発見した新星を，16か月間，毎晩休まずに観測し続けた．新星は当初黄色っぽい色をしていたが，やがて赤色へと変わり，そして宇宙の暗闇に再び消えていった．その観測記録は「新星について」（*De nova stella*, 1573年）という本にまとめられた．

「新星について」のなかで大きくページ数を割いて議論されているのが，観測結果を解釈して得た「星占いもどき」だった．たとえば，星の色が赤く変わったとき，「これはどこどこで起きた戦争を暗示していたのだ」などといった解釈を与えたりした．面白いことに，占いの要素が大きな割合を占めたティコの著作は，デンマーク王の興味を引いた．王は，ティコを御用学者として雇うことにし，島1つをまるごと与えた．この恩賞は島民の税金も込みだったので，莫大な額の研究費をティコは毎年もらえることになった．潤沢な資金を用いて，世界で最初の天文台「ウラニボリ」が建設された．ここで彼は，多くの観測技師や弟子を雇いながら，天体観測に没頭する．それは1574年から

図 2.12: 四分儀．これは英国のグリニッジ天文台に保存されているもので，17 世紀に台長だったエドモンド・ハレーが愛用した．（筆者撮影）

1601 年までの，およそ 30 年弱にもおよんだ．世界最高水準の，精密かつ長年にわたる系統的な観測データが膨大に記録された．

　1577 年，ティコが 32 歳のとき，再び大きな天体現象が起きた．巨大な彗星が夜空に現れたのだった．彗星は，長く尾をたなびかせながら突然夜空に現れては，やがて消えていく．アリストテレス学派の教えによれば，変化する天体は，月より地球に近い世界（つまりウラノス）になくてはならない．ティコは三角測量の技術を用いて，彗星までの距離を正確に測定した．その結果，彗星は月よりもはるかに遠い場所にあることが明らかになった．地球と月の距離のおよそ 6 倍以上も遠くの場所にある彗星は，天界（つまりコスモス）にあることになってしまう．アリストテレスによれば，そこは変化のない完全な世界のはずだ．こうして，ティコの精密測定によって，アリストテレス学派の哲学はさらに信頼を失墜させた．

　正確に天体現象を予言するには，日々正確に天体の位置を記録していく必要がある．ティコの理論的な業績のうち，現在の科学の発展に大きな影響を与えたものはないが，それでも彼の名前が永遠に人類の歴史に刻まれることになっ

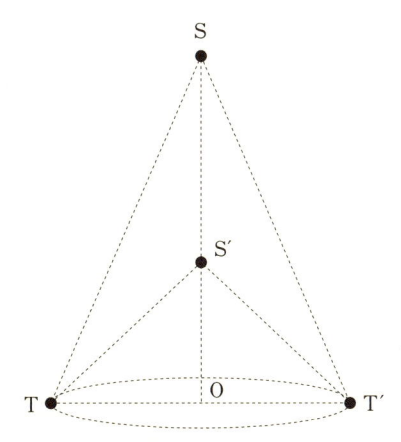

第2章 世界の中心は川崎なのか？：宇宙の中心の探求   35

図 2.13: 年周視差の原理．地球の位置を T および T' とする．たとえば，T が夏，T' が冬だとしよう．一方，恒星の位置を S だとする．地球の回転（公転）によって，恒星の見える位置に季節変化が生じる．この変化に伴う角度が角 TST' である．年周視差は TST' の半分の OST によって定義される．恒星の位置が近くなると，年周視差は大きくなる．OST と OS'T では明らかに後者の方が大きい．逆にいえば，はるか彼方の遠方にある恒星に対する年周視差は限りなく 0 に近づく．

たのは，正確で長期間にわたる天体観測のデータを最初に記録したからだ．コペルニクスのように思いつきで時々観測するだけだったり，ヒッパルコスのように数年で観測を止めたりせず，30 年近くも毎晩精密な観測をひたすら続けたのだった．これこそが「科学」の出発点であることを本人は気づいていなかっただろう．しかし，彼の観測は科学史に残る大きな転換点となった．

　肉眼による天体観測は，星と星との角度を測定することによって行われた．この角度を測る機械が，四分儀とか十六分儀とか呼ばれるものである（図 2.12 参照）．大きな分度器と覗き穴のついた筒を組み合わせたような測定機器である．この測定器は，大航海時代，星座や恒星を使って方角を決める際にも利用された（航海による探検には必ず天文学者や地理学者が同行し，地図をつくりながら未知の世界を旅した）．今でも，イギリス南東部のドーキングという骨董街にいけば，真鍮のものが手に入る．

　ティコ自身は地動説を信じていなかった．それには理由がある．コペルニクスの「天球の回転について」を隅々まで読んでいたティコは，もし地球が太陽の周りを回転しているのならば，年周視差（図 2.13 参照）が起きるはずだと

考えた．すなわち，1年の異なる季節において地球が宇宙の異なる場所に位置するならば（つまり地球が動いているならば），恒星を見上げるときの角度に季節変化（すなわち年周視差）が生じるはずだ．年周視差が測定できるとその星までの距離が計算できる．この測定には以前彗星までの距離を測ったときと同様に三角測量の手法が適用でき，ティコはこの測定が得意だった．しかし，ティコが年周視差を測定しようと試みる度に，それは検出できなかった．この結果には，2つの解釈が可能だ．(1)恒星は無限の彼方にあって年周視差の角度が検出できない，あるいは (2)地球は動いていない，となる．ティコは (2)であると考えた．つまり，地球中心説を信じた．

　精密な観測を長期間行うことで得られたデータが，地球中心説をいずれは証明してくれるだろうとティコは信じていたが，皮肉なことに，自分の信じる説を破壊して，「真理」（すなわち地動説）をもたらすことになるとは思いもよらなかっただろう．ティコ自身の数学的な分析はなかなかはかどらず，自分自身の精密な観測データをどう処理してよいか壁にぶつかっていた．とくに，火星の運動の複雑さが彼（とその弟子たち）を悩ませた．ティコの行った理論的な研究は現代科学にまったく影響を残していない．彼の名を永遠のものにしたのは，彼の著作や思想ではなく，彼の観測データそのものだった．しかし，何百ページと続く数字の羅列から，「真実」を抜き出す作業は，ティコの死後，その弟子のケプラーに委ねられた．

2.7　ケプラーの定量的研究：占星術と科学のあいだ

　ドイツの天文学者ケプラー (Johannes Kepler, 1571-1630) の精神は，躁と鬱の間を激しく振動する傾向があった．彼の家系には精神を病んだものが多かったし，魔女として火あぶりの刑で処刑された人もいた．ケプラーの母も，あやうく魔女として処刑されるところだったという．家系から受け継いだこの双極性の病的性格が，彼の研究の「緻密さ」と「いい加減さ」という相矛盾する2つの側面が共存するのを可能とした．不思議なことに，この矛盾する性格こそが，惑星に関する3つの法則を発見するという栄冠をケプラーにもたらした．

ケプラーはコペルニクスの理論を大学で習った．後年ケプラーのよき相談者であり師となったメストリンは，ケプラーのような天才ではなかったが，優秀な天文学者であり，コペルニクスの地動説を直感的に正しい考え方だと感じていた．その私見を講義で学生たちに漏らしていた．この講義を聞いたケプラーは，地動説を素直に受け入れた．世の中の趨勢に反する地動説をそれほど苦もなく信じたというのは，普通の人間から見れば大きな驚きだ．コペルニクスがあれほど出版をためらい，ガリレオが宗教裁判で裁かれ，その著書が禁書扱いされてしまうような「危険な思想」だった地動説を，新しい世代の若い頭脳は柔軟な思考ですんなりと受け入れてしまったようにみえる．おそらくその一番の理由は，ケプラーの精神は躁状態にあり，新しい理論を聞いたとき，その新奇性に興奮し，そのまますんなり受け入れてしまったのだろうか？　たしかに，彼の残した文章（処女作「宇宙の神秘」の導入部）を見ても，「物理的な，あるいはお望みならば形而上の理由よって（太陽中心説を受け入れた）」という曖昧な記述しか書かれていない．いずれにせよ，コペルニクスの地動説に触発されて，ケプラーは地動説こそが「真実」であると，かなり早い段階から確信をもっていた．彼にとっての問題点は，地球が宇宙の中心にあるのか，ないのかという象徴的な問題ではなく，もっと細かい，数値的な問題だった．

　鬱の状態に陥ったとき，ケプラーはその不安定な精神状態を落ち着かせるため，数字を使った「理由付け」を行った．ケプラーにとって，数字は宗教であり，真理への鍵であり，そして宇宙の神秘であった．これは古代ギリシアのピタゴラス学派の考え方に似ている．たとえば，フィロラオスは $1+2+3+4=10$ であるから，太陽系の天体の数は 10 個（これを完全数という）であるはずだと考えた．しかし，実際には太陽，月，地球，そして，5 つの惑星をあわせても 8 個にしかならない．そこで，中心火と反地球という天体が，未発見だが存在するはずだと考えた．ケプラーの数字に対する執念は，科学的な好奇心というよりも，むしろ病的／呪術的な執着と呼んだ方が近いだろう．たとえば，彼は自分の命が母親の体内に宿った瞬間を，日付のみならず分の単位で割り出すことに精力を傾けた（彼のメモによれば，それは 1571 年 5 月 16 日の午前 4 時 37 分だという．また，母親の体内に「滞在」した時間は 224 日と 9 時間 35 分だったそうだ）．これほど数字に執着したのは，天体運行に基づく

星占いの観点から非常に大事な情報だったからだろう．つまり，自分の人生の運命を「決める」重要な事柄だったというわけだ（数字に対する執着心とは裏腹に，自分の名前の綴りには無頓着で，間違えてばかりいたようだ．彼が残した論文や著作に記された彼の名前には，少なくとも5種類の綴り方がある—Kepler, Keppler, Khepler, Kheppler, Keplerus など．現在は最初の綴り方が正式なものだと考えられている）．これ以外にも，望遠鏡が発明される以前の時代，肉眼で見える惑星は水，金，火，木，土の5つだったが，これらの惑星の数がどうして10や100ではなく5個なのか，真剣にその意味を見いだそうとした．また，地球と太陽の間の惑星（内惑星）は2つしかないのに外惑星はなぜ3つあるのかを理由付けしようともした．このように，天体や人生にまつわるいろいろな数字に「意味」を見いだそうとした．

なかでも，惑星間の距離と惑星の公転周期の間の数学的な関係に，若いころから異常なほど興味をもっていた．最初は占星術に端を発したこの疑問への執着が，天文学，そして物理学上でもっとも重要な法則の1つである，「ケプラーの第三法則」の発見へと結実していくのだから歴史はおもしろい．大学に入り，この法則を習った現代の学生（筆者を含む）の多くは，「どうして軌道半径と公転周期の間に関係があると思ったのだろう？ ケプラーは本当に天才だ」と最初感じるだろう．ケプラーは天才的な天文学者であると同時に，占星術師だったのだ．つまり，ときには緻密に，そしてときには大ざっぱに，彼は目の前に広がる宇宙を理解しようとした．

惑星の相対的な距離に関しては，コペルニクスの著書「天球の回転について」の第十章に考察があるように，かなり古い時代から公転周期を通してかなり正確に把握されていた．惑星の移動速度が共通ならば，公転周期が長いものほど遠方にあることは，簡単な幾何学的考察からすぐにわかる．ケプラーは，惑星間の距離はおそらく1, 2, 3, … などの比例関係にあると考えたり，その他の簡単な数列構造に従っているかもしれないと研究を進めたが，どんな場合にも実際の観測値は彼の予想から大きくずれていた．

1597年，「宇宙の神秘」という本をケプラーは弱冠26歳で出版する．この本は，講義中に稲妻に打たれたような思いつきから生まれた．それは，正多面体を基礎とする3次元幾何モデルによって，惑星の数（地球を含め）がなぜ6

第 2 章 世界の中心は川崎なのか？：宇宙の中心の探求

つなのか説明するという内容だ．これは，今までにケプラーが考えた理論のなかで，もっとも素晴らしいものだと本人は思っていた．おそらく，躁状態で思いついたアイデアだったのだろう．その根拠はむしろ古代ギリシアの自然哲学のように数学／幾何学によるもので，科学的とは到底いえないものだった．しかし，本人の自信は相当なもので，刷り上がったばかりの自著を思いつくかぎりの著名な科学者に送りつけた．そのなかには，ガリレオやティコも含まれていた（ガリレオに関しては後で詳述する）．「宇宙の神秘」を書いたころのケプラーは数学的な能力も低く，つじつまのあわない部分は，強引な言い訳や占星術的な説明で言い逃れをしていた．いまだ磨かれぬ宝石の原石のような状態だったといえよう．しかし，本を読み，多くの知識を吸収し始めると，原石は次第に磨かれて輝き始めた．いろいろな事実を知れば知るほど，自分の模型が観測事実を説明できないことに気づきはじめた．当初は他人が行ったこれらの観測データが間違いだと決めつけた．なかでも，コペルニクスの観測データはデタラメで，信頼できないと感じていた（事実その通りだった）．自身のアイデアの正しさを確認しようと，自ら天体観測を行い，それを数学的に分析し始めた．しかし，残念なことに，ケプラーは観測の才能がゼロだった（コペルニクスよりもはるかに下手だった...）．

　精度の悪い自分の観測をいくら精密に解析しても，自説が証明できないことに気づいたケプラーは，観測技術を向上させる努力は早々とあきらめて，もっと観測の上手な人が行った観測データを手に入れて，それを解析しようと考えた．数学者でもあったケプラーは，詳細な天体観測データさえあれば，その軌道を分析することで地動説を科学的に証明できると考えたからだ．当時，世界最高の精度の観測データといえば，ティコの観測データだった．ケプラーは，ティコの観測助手になれば，いつの日にかデータを見せてもらえるだろうと考えた．幸いなことに，ケプラーが住んでいたオーストリアに近いプラハに，ティコは観測研究の中心を移していた．ケプラーは宗教上の問題でトラブルがあったり，薄給で不満があった数学教師の職を辞し，一路ティコの天文台のあるプラハへ向かうことを決意する．時は 1600 年，彼が 29 歳のときのことだ．

　プラハで，ケプラーは地動説の優位性を熱心にティコに説いた．しかし，ティコは恒星の年周視差が測定できないことのみを理由に，地動説を受け入れな

かった．恒星の年周視差は，地球の公転のため，恒星の位置（角度）が季節によって変わる現象のことだ．年周視差が測定できない場合には2つある．1つは，地球が動いていない場合．もう1つは，地球が動いていたとしても，恒星が非常に遠くにあり実質上その変化を検出できない場合だ（図2.13参照）．ティコは前者の理由を単純に信じていたわけだが，実際には後者が原因で恒星の年周視差は当時検出できなかった（年周視差が初めて検出されたのは，これより3世紀も後の19世紀になってからだ．ドイツの天文学者ベッセルが成し遂げた．もっとも地球に近い星でも，年周視差の角度はとても小さくなってしまうため，精密機器を用いた測定が不可欠だったからだ）．

　ティコと意見が合わず，データの分析もなかなか許可されなかった．しかし，ケプラーの才能を次第にティコは認めるようになる．そして，ついに火星の観測データを閲覧することを許可する．前述したように，複雑な動きを見せる惑星のなかでも火星の軌道運動の見せる不規則性は群を抜いて複雑だったため，ティコは困っていたのだった．

2.8　ケプラーの3つの法則：火星が教えてくれた真の宇宙の姿

　火星は，地球の外側を回る惑星のなかで，もっとも地球に近い惑星だ（図2.14参照）．したがって，見かけ上の運動が速いので，短期間で惑星運動のデータを貯めることができる．火星の公転周期が2年弱であることは，コペルニクスの時代にはすでによくわかっていた．肉眼で見ても赤い星だということはわかるが，望遠鏡で拡大するとその赤さは紛れもない．この赤色は地表面の土壌に含まれる酸化鉄（赤さび）のせいであることが現在ではわかっている．

　19世紀から20世紀初頭にかけて，火星には高度な文明を持った生命が存在するのではないかと考えられた時期があった．それを受けて，当時の空想科学小説などでは，火星人が地球を侵略しにくるといったお話がつくられたりもした．最近の研究の進展により，火星にはかつて海が存在していたことが濃厚となり，そこで生命が誕生した可能性が強まった．その名残（化石），あるいは枯れてしまったかつての海で生き延びた地球外生命自体がいる可能性を探るべ

第 2 章　世界の中心は川崎なのか？：宇宙の中心の探求　　41

図 2.14: 小望遠鏡で撮った火星．2012 年 4 月 28 日に撮影．小接近（衝）の少し後なので，少し欠けているのがわかる．（筆者撮影）

く，ロボットや探査衛星を用いての生命探索が現在進行形で行われている．また，地球人が移住することができる可能性が高い惑星として，NASA は以前から火星の研究を続けている（テラフォーミング計画）．

このように昔から地球人になじみが深い火星であるが，太陽を中心においた地動説が正しいことを人類が理解する最後の決め手となったのも火星だった．火星軌道の解析は，中世までに考案されたどんな天体理論にとっても，最大の難問だった．「難問に見えるのは，それまでの考え方が間違っているからだ」と，確信をもって最初に宣言することができたのがケプラーだった．

まずケプラーは，火星の運動が南北の方向にわずかながらぶれる現象の解析にとりかかった．コペルニクスの地動説に基づいて，地球と火星の軌道データを分析してみると，地球と火星の公転軌道面がわずかに傾いていること（おおよそ 1.5 度）がわかった．それが原因で火星の運動は黄道の上下にぶれるの

であった（黄道というのは天空における太陽の通り道のことで，黄道沿いにある星座がさそり座や獅子座，乙女座などといった，いわゆる星占いに登場する12の星座である）．さらに，ケプラーは，地球と火星という，2つの惑星の公転面の交わるところに太陽があることもつきとめた．この結果により，宇宙の中心が太陽であることを強くケプラーは感じたようだ．

　火星の軌道の研究はさらに進み，今度は黄道方向の運動（つまり回転面内の運動）の分析にとりかかった．もちろん，太陽を中心として，その周りを地球が回るという「地動説」を採用する．ここでケプラーは，コペルニクスと異なり，惑星は等速円運動するという考えを放棄した．このやり方は新しい時代の考え方であり，古代ギリシアの伝統を破壊する一撃になった．ケプラーは離心円の有用性は認めていたので，地球と太陽の距離が季節によって変化することを認識していた（もちろん，ケプラーの離心円では，中央部分にあるのは地球ではなく太陽である）．

　幾何学に支配された古代ギリシアの哲学者たちの精神と異なり，ケプラーは「物理的な」思考をもっていた．それは，天体の運動をつかさどる「力」の源は太陽にあり，そこから遠ざかれば力の作用は弱まるという考えだった．これを重力の逆二乗則と同定できれば，後に万有引力の理論を完成させたニュートンの出番はなかったかもしれない．しかし，天体に作用する力に関するケプラーの物理的解釈はあくまで定性的であり，ニュートンのように定量的で，精密な数学的理解までにはいたらなかった．離心円を回る惑星が，太陽から遠ざかれば遠ざかるほど速度が落ち，逆に近づけば近づくほど速度が上がるのは物理的に当然なことだとケプラーは考えた（これは定性的にはニュートンの重力理論とまったく同じである）．不等速を許すということは，結果的には，コペルニクスが排除したエカントを復活させることと同等であった．離心円と不等速運動を導入したおかげで，コペルニクスが太陽中心説（地動説）に変更しても排除できなかった，周転円をすべて排除することができた．

　ただし，離心点の距離や火星の軌道半径などが不明であるため，その値を仮定し，何度も計算を繰り返しては観測データ（専門的には火星の4つの衝の位置）と比較し整合性を確かめる必要があった．その計算は困難を極め，ときには泣き言をいって，師メストリンに助けを求めたこともあったし，有名な天

文学者に手紙を書いて協力してくれるよう懇願したこともあった．しかし，誰一人として，この困難な計算を助けてくれる人はいなかった．ケプラーはしかたなく自分自身の力で壁を乗り越えるしかなかった．5年近く単調な計算を繰り返したその努力の成果は，細かい字でびっしり計算された1000ページほどの研究ノートとして残されている．後の科学史家がこのケプラーの計算をたしかめたところ，計算の出発点として使用された火星軌道のデータに数カ所の写し間違いがあった．同時に，そのまちがったデータを使った長大な計算の最後の箇所で，子どもがやるような単純な割算計算の間違いを，何か所かしでかしていることも判明した．奇跡というのはこういうことなのだろうか？　つまり，最初のデータの書き間違いの問題が，割り算のミスによってうまい具合に打ち消し合って，取り除かれてしまっていたのだ．最後に得られた結果はすばらしい精度で正しい結果となっていた！　このようにして，苦労して見つけだした離心点の位置を用いて軌道計算を行い，やっとのことでそれをティコの精密な観測データと比較できるようになった．そして，それはそれまでの苦労が報われるような良い結果となった．少なくとも，「普通の人」にとっては．

　古代文明における自然哲学から，現代の実証科学への最後の脱皮は，「正気」とは思えないケプラーの一言によって始まった．それは，通常の精神の持ち主には決していえないような一言だった．すなわち，ケプラーは，離心円と不等速運動をもとに血のにじむような計算を数年間もの間やり抜き，そして観測結果と非常によく一致する結果を得たにもかかわらず，それを「この程度の一致では，到底正しい理論とは呼べない」として棄却してしまったのだ．その理論と観測のずれは，わずかに8分の角度だった（角度の8分というのは0.1度余りである）．火星が広大な軌道を太陽の周りに1周して元の位置に帰ってきたとき，計算してみたらその結果がわずかに0.1度余りのずれ程度で収まったとしたら，あなたならその結果をどう評価するだろうか？　普通の人ならこう考えるだろう．すなわち，「もちろん太陽の周りを1周したのだから，厳密に元の位置に火星は戻るべきだ．しかし，計算上で0.1度程度の誤差ならば，軌道が閉じてないとあげ足を取るよりは，十分いい精度で計算できていると褒めるべきだ」と．アリストテレス，ヒッパルコス，そしてコペルニクスも，きっとこの意味では「普通の人」だったはずだ．これほどの精度で天文学と向き合っ

た哲学者は，それまで皆無だった．ケプラーが得た程度の「良い」結果が出たら，さっそく本を書いて声高らかに「私はついにやり遂げた」と宣言するはずだ．しかし，ケプラーは，「私の計算は失敗に終わった．8分の誤差もあるなんて，私の理論が間違っているとしか思えない」と結論づけたのだ．

じつは，それには大きな理由があった．ティコの弟子としてともに観測をし，その観測データを整理したケプラーは，ティコの観測精度がきわめて高いことを理解していたのだった．それはもっとも敬意を払わなければならないデータであり，単なる誤差として8分の食い違いを許すわけにはいかなかったのだった．こうして，ケプラーは，離心円と不等速運動に従う火星の軌道の理論をすっぱりと捨て去ったのだった．実験と理論の差を「計算精度のちょっとしたズレ」だとか，「観測誤差の範囲内」だとか思わず，有意な差であると考えた．

火星の軌道計算に苦しみながらも，観測助手になって1年経った．すると，ティコが急死してしまった．研究グループのリーダーが死んでしまったのだから，普通なら悲しむべきことだろう．しかし，これがケプラーにとっては幸運だった．ティコによって独占されていた観測データ全体が，遺言によってケプラーを中心とする弟子たちの手に委ねられることとなったからだ．30年間にわたる精密な天体の観測データが，ついに彼の手に入ったのだった．

火星の軌道が不等速運動と離心円では記述できないことがわかったうえで，ケプラーは火星の軌道を直接分析するのではなく，まずは地球の軌道について深く理解しておく必要があると考えた．ここで，ケプラーはそれまでの天体学者が考えもつかなかった方法で地球の軌道の分析に取りかかった．その独創的な方法とは，ティコの火星軌道のデータを数学的に加工して，火星から観測したら地球の運動がどう見えるかというデータへ書き換えたのだ．その結果，地球の運動も不等速であることが確認できた．ただし，この段階でケプラーはまだ地球の軌道を円形だと仮定していた（というより思い込んでいた）．そこで，太陽の周りの地球の公転運動を離心円と不等速運動で記述できるかどうか確認するため，火星の場合と同じような計算を始めた．すると驚いたことに，今度はあっさりうまくいったのである！　地球の円軌道に対し，その中心から半径の1/56だけずらした点（離心点）に太陽を置くと，太陽の年周運動の観

測データを精密に計算し再現できたのだった．火星と異なり，地球の軌道は偶然にも「円」に非常に近い形なので，離心円を用いてもうまく計算できたのだった．火星の軌道は，後に判明するように，円軌道から非常にずれている．そのため，離心円を仮定する理論からの「ずれ」が大きく目立ったのだった（といっても，ケプラーでなければ，この「ずれ」を容易に見逃してしまっただろう）．

　不等速運動にしたがって離心円の上を回転する地球の運動に規則性がないか，ケプラーは考察を始める．太陽からの距離と，地球の速度の間には何らかの関係があるはずだとケプラーは感じていた．それは，太陽こそが「力」の源泉であるという物理的な考察に基づいていた．ケプラーは，光源の明るさが距離の2乗に反比例して減衰する事実を知っていたから，同じような物理が天体の運動を支配する力に働くはずだと考えることができた．これまでの理論では（プトレマイオスの天動説やコペルニクスの地動説），惑星がどの位置でどのような速度となるのか，あまり深く考えていなかった．ピタゴラスより続く「等速円運動」というバイアスがかかっていたからだ．もちろん，離心円やエカントを導入するなどして，ヒッパルコスやプトレマイオスはなんとかして不等速性を持ち込もうとした．しかし，それが宇宙の事実であることを素直に認めることができず，あくまで等速円運動のバイアスを通して解釈してしまった．つまり，結果的に不等速になっているように見える，という論法を採用したのだ．彼らは，この不等速にこそ，真実の法則が潜んでいることに気づくことができなかった．一方で，「力」について物理的な直感を持っていたケプラーは，地球の運動速度と太陽からの距離に関して必ず何らかの規則性があるはずだと信じていた．それはなかば強迫的だったかもしれないが，そのおかげで彼は科学の歴史でもっとも重要な法則の1つを発見することができた．「面積速度一定の法則」と呼ばれるものである．地動説に基づいて行った離心円の計算の結果を分析して，ケプラーは自身の名前が冠せられることとなる3つの法則のうち，最初の1つを発見した．

　図2.4を使って，この法則を説明しよう．天動説における離心円の考え方では，等速円運動が基本だった．したがって，離心点O'周りの運動がどういうものか考えるよりも，中心O周りの運動が等速回転することにむしろ注目

した．一方，ケプラーの分析では，中心 O 周りの運動には注目しない．つまり，それが等速だろう非等速だろうと気にしない．逆に，離心点 O' 周りの運動がどうなるかを重要視する．単位時間当たりの惑星の移動距離を AB としよう．時計回りに運動してきた惑星が A' まで到達したとき，今度は単位時間でどこまで移動するかだろうか？ ケプラーの発見したのは，惑星は B' を通り過ぎ，もっと先の地点まで到達するということだった．さらに，その地点を X とすると，扇形 O'A'X の面積が扇形 O'AB の面積と等しくなるように惑星は移動するのである．これは，離心点 O' から遠い点 A にいるときよりも，離心点に近い点 A' にいる方が，惑星は速く動くということを意味する．この法則を面積速度一定の法則，あるいはケプラーの第 2 法則という．つまり，歴史的には，地球の軌道は円軌道（離心円）だという仮定（これは間違っていることが後で判明する）に基づいて，ケプラーの第 2 法則を最初に発見してしまったということになる．

地球が不等速運動に従うことを確認し，さらにそこから一歩進んで面積速度一定の法則を発見したケプラーは，再度火星の問題に挑む．最初の「8 分角のズレ」の挫折から 4 年が経過していた．彼の粘っこい執着心は，再度同じ方法（離心円の周りの不等速運動）で火星の軌道の分析を試さざるをえなかったようで，さらにこの計算に 2 年を費やす．しかし，どんなにやっても結果は同じだった．

そしてついに惑星は円軌道を描かないということを悟る（もちろん周転円による螺旋軌道も真実を語らないということも）．古代ギリシア人が幾何学的に「もっとも美しい」と考えた円でもなく，周転円の技巧によってつくられた複雑な螺旋でもなければ，いったいどんな図形が惑星の軌道を記述しているのか？ 長年にわたる計算に取り組んだ経験から，それは「長円」だろうとケプラーは考えた．しかし，「長細い円」というだけでは数学的には曖昧だ．実際，長円のような図形はそれまでの幾何学であまり研究されていなかったため，その定義や性質はあまりよくわかっていなかった．少なくとも，ケプラーにとって，「長円」の扱いは最初は難問だった．

ケプラーは独自の物理的な見地からこの問題に挑む．彼は，太陽が惑星に及ぼす力（現代の物理学では重力に相当）と，惑星自身が動こうとする力（現代

$\omega:\Omega=-1:2$
$r:R=3:10$

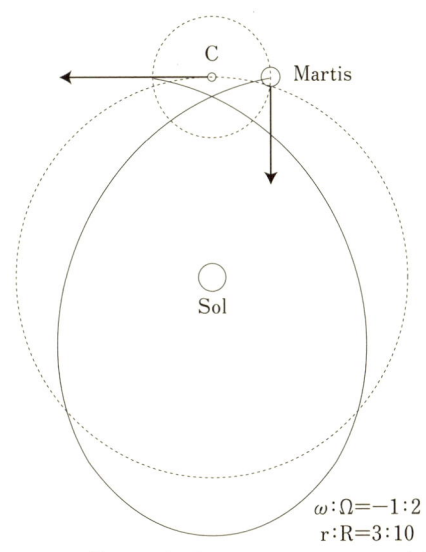

図 2.15: 周転円で描いた「卵形」軌道の例．火星 (Martis) と周転円中心 (C) の回転角速度を，それぞれ ω と Ω とする．また，太陽 (Sol) を中心とする大きな円と，その円上を回る周点円の半径を，それぞれ R と r とする．この図で示されている「卵形」は，$\omega:\Omega = -1:2$，および $r:R = 3:10$ という組み合わせで作り出すことができる．（筆者作成）

の物理学でいえば慣性）とが拮抗し，互いに逆向きに作用した状態で惑星は運動すると考えた．この物理的な考え方を「長円」に基づく天文幾何学に適用する際，ケプラーは驚くべき方法に頼る．それは周転円であった．いままでずっと周転円を取り除くために努力してきたのに，ここまで来て周転円を再導入することに困惑する人は多いだろう．しかし，ケプラーが使った周転円は，惑星の逆行を説明するために導入したものとは異なる風変わりな「周転円」だった．それまでの天文学者が用いた周転円は，軌道が螺旋を描くように条件を決めていた（図 2.7 参照）．しかし，長円を理解するためにケプラーが利用した周転円は，螺旋を描かない周転円だった．図 2.15 に，その一例を挙げた．この図で，周転円は C を中心とする小さめの円で表されている．また，その中心 C は太陽 (Sol) を中心とする大きな円に沿って回転している（図では左回り）．一方，火星 (Martis) は周転円に沿って回転しているが，その回転方向は，C が大円を回る方向と逆向きに回る（図では右回り）．回転方向が異なる

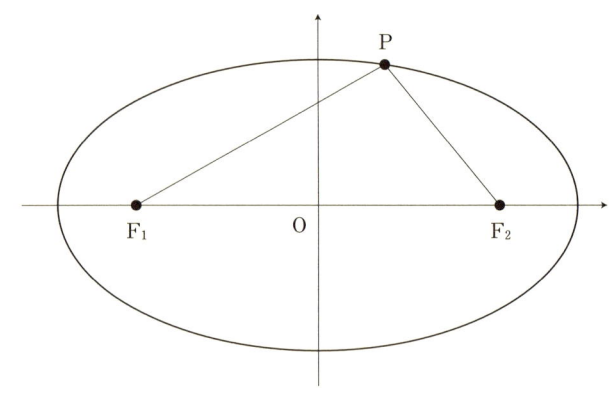

図 2.16: 楕円. F_1 と F_2 が焦点. 焦点から楕円周上の任意の点 P までの距離を足したもの, つまり PF_1 と PF_2 の和, はどんな P を選んでも常に一定になっている, というのが楕円の特徴である. F_1 と F_2 が一致する特別な場合が円.

というのがケプラー風の「重力と慣性力の拮抗」の表現だった. 従来の周転円の理論では, 周転円の中心 C と, 周転円上の惑星 (図では Martis) の回転方向は同じ向きになっていた. 回転方向を互いに反対にして軌道を計算すると, それは図 2.15 に見られるように, 卵のような形の長円となる. ケプラーはこの「卵形」を, ティコの観測データに整合するかどうか計算を始める. 地球の運動で発見した「面積速度一定の法則」が火星でも成り立っていると考えたケプラーだが, 卵形軌道の上を動く惑星が掃く面積をなかなか計算することができなかった. 円と異なり, そのような公式は知られていなかったし, 積分が発明される以前にその公式を導出することは困難だったからだ. しかたなく数値的に面積速度を調べてみたが, 卵形の軌道を適用すると, 火星は面積速度一定の法則に従っていないように見えた. ケプラーは危うくこの法則は火星には成立しないと結論づけてしまうところだった. このとき彼を救ったのは, この困難から早く抜け出したいという願望だった.

長円の研究を始めて, 古代ギリシア人の中で「楕円」の研究が行われていたことをケプラーは知る (図 2.16 参照). こういうことはよくあることだ. つまり, 分厚い教科書を隅々まで読むのは大変なので, 大抵の科学者は自分に役立ちそうな事柄だけを手早く読んで, 残りは読み飛ばす. しかし, その読み飛ばしたところに, 思いもかけない形で自分の研究に役立つような概念が隠れて

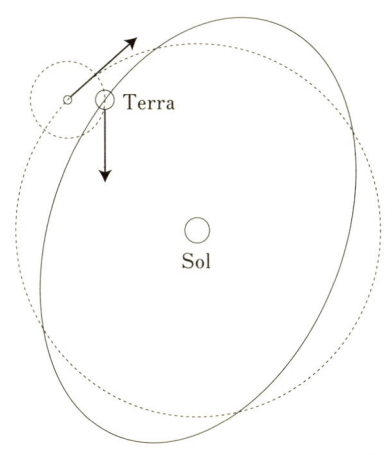

第 2 章 世界の中心は川崎なのか？：宇宙の中心の探求

図 2.17: 周転円で生成した楕円．周転円の中心が地球の周りを回る角速度と，周転円上を回る惑星の角速度とを同じにすると，楕円が生成できる．（筆者作成）

いることがある．ケプラーも長円が必要だと感じるまでは，楕円に注意を向けることはなかったのだろう．じつは，コペルニクスも楕円の概念を知っていたのだが，従来の円軌道の先入観もあっただろうし，ケプラーと違って，円軌道「近似」で満足してしまったので，楕円を真剣に導入するところまで到らなかった．役に立たないとして，「読み飛ばし」てしまったのであろう．卵形の面積の計算に苦労していたケプラーは，「ああ，この卵形が楕円だったら計算できるのに」と嘆息混じりの手紙を友人に書き送っている．楕円についての研究は，アルキメデスやアポロニウスといった，古代ギリシアの哲学者たちが幾何学の問題としてよく研究していた（それは周転円の研究がきっかけとなっていた．図 2.17 参照）．しかし，卵形の研究は皆無だった．この手紙から 1 年半経過して，ケプラーは「楕円だったらいいのに」という願望が，じつは真実に他ならないかもしれないと気がつく．そして，「もしかすると火星の軌道は完全な楕円になっているかもしれません」と再度友人に手紙を送った．これが，ケプラーの第 1 法則，すなわち「惑星は楕円軌道を描く」の発見への端緒だった．ここにいたるまで，ケプラーは卵形図形の面積の計算には，ほとほと手を焼いていたようで，その計算にはある近似計算法を適用していた．それはなんと楕円を利用して卵形の面積を近似するという方法だった．おそらく，楕円を

利用した近似法に習熟するにつれて，楕円についての理解が進む．そして，自分の扱っているデータが卵型ではなく，楕円そのものであることに最後は気がついたのであろう．

　火星軌道の研究を再開して6年が過ぎた．さんざん苦心した末に，ついにケプラーは「楕円」を火星の軌道に採用してみた．この試みは大成功し，火星の軌道は，太陽がその焦点の1つにあるような楕円軌道を描くことを，ケプラーは発見した．ケプラーの第1法則である．楕円を使って解析した場合も，ケプラーの第2法則，すなわち面積速度一定の法則は成立していた．「卵」は割れて，中から楕円が出てきたのだった．

　この時点で，天動説に関する3つのことが否定された．まずは，宇宙の中心にあるのは地球ではないということである．火星は周転円などに沿って動くのではなく，太陽の周りをむしろ公転していたのであった．次は，その公転の軌道は円ではなく楕円だということである．幾何学に源をもつ，古代ギリシアの自然哲学で共通の美的感覚であった「円」は，ケプラーの解析とティコの観測データによって，「楕円」に取って代わられた．最後に，天体の運動は等速運動を基本にするというギリシア人たちの考えも，面積速度一定の法則の発見によって否定された．これはすなわち，天動説のすべてが否定されたということでもある．

　ケプラーは，残りの惑星（水星，金星，木星，土星）の運動の分析も行い，同じ結果を得た．つまり，ケプラーの第1法則，および第2法則の成り立つ宇宙の姿を捉えたのだった．1627年，ケプラーは解析の結果をまとめて出版する．その本の題は，自分の天文研究を支持してくれた国王への敬意から，「ルドルフ表」（*Tabulae Rudolphinae Astronomicae*, 1627年）と名付けられた．この本に書かれた惑星の位置予報は，それまでにないほどの高い精度で正確だった．火星が宇宙の真の姿を教えてくれたのだった．しかし，その秘密に気づくには，高い精度の観測（ティコの天体観測）と，妥協を許さない緻密な計算（ケプラーの分析），そしていくつかの偶然と気まぐれで執念深い矛盾した性格などが合わさらなければ，到底なしえなかった．ケプラーの法則の発見は，科学史でも類を見ない「奇跡」であることは間違いないだろう．そして，その奇跡は，「科学」という新しい方法論の誕生の源泉となった．

2.9　ケプラーの第3法則：占星術的執着心の到達点

　惑星の公転周期は古代天文学において，すでにかなり正確に測定されていた．ただし，望遠鏡すらない古代文明や中世前期の時代には，惑星間の距離を肉眼観測で直接測定することは不可能だった．しかし，コペルニクスは，公転周期の大きな惑星ほど太陽から遠方にあると考えた．眼前をうるさく飛び回るハエの方が，はるか彼方の大空を時速1000キロで飛ぶジェット機よりも，その動きが速く見える原理と同じだ．これは，天動説を信じていた古代ギリシアの自然哲学者も同様の論理を適用した（それは中心にある地球からの距離だったが）．

　ケプラーの場合，惑星の公転周期とその惑星の距離に関する問題は，最初は占星術的な興味から始まった．そして執拗にその関係式を20年近くにもわたって追い続けた．前に書いたように，どうして公転周期と距離の間の関係でなくてはならないのか，と多くの人は当惑する．星占いに起因すると説明するだけでは腑に落ちない．ケプラーが，それまでの天文学者と決定的に異なったのは，物理的な思考を導入した点だ．エウドクソスも，ヒッパルコスも，そしてプトレマイオスも，幾何学の技巧を駆使して惑星の位置を説明しただけで，その軌道にどうして惑星は従うのか物理的な考察はまったく行わなかった．一方，ケプラーは太陽に起因する「作用」が惑星に及んでいると考えていた．そしてその作用の強度は，光の減衰が距離の2乗に反比例するのと同じように，遠方ほど弱く，近場ほど強くなると思っていた．したがって，古代の天文学者たちが測定して得た測定値を，物理的な概念すなわち理論に基づいてなんとか説明したいと考えるのは，「物理学者」なら当然のことだ．惑星の運動を規定しているのは，距離によって強弱が決まる作用だから，ケプラーが探し求めていたのは，観測値としての公転周期と，理論の要請からくる「距離」との間の関係式だったと解釈することができる．

　しかし，その関係式は単純ではなく，ケプラーがこの関係式を見つけることができたのは，本当に奇跡のように思える．それは偶然や幸運から発見されたのではなく，執念と果てしない試行計算の成果だった．ケプラーほどの強い信

念（あるいは強迫性といえるかもしれない）がなければ，常人ならすぐにその関係式を発見するのをあきらめてしまうだろう．ケプラーの見つけた公転周期と，（太陽からの）惑星の距離との関係式は

$$\frac{周期の2乗}{距離の3乗} = 一定値 \tag{2.1}$$

というものである．太陽系の惑星の場合，この一定値とはほぼ1だ．これはケプラーの第3法則と呼ばれる（惑星が楕円軌道に従うことをケプラーは発見しているので，「距離」は楕円軌道の長半径に置き換えられた）．たとえば，地球と太陽の距離を基準に考えてみよう．地球の公転周期は1年なので，一定値は $1^2/1^3 = 1$ のはずだ．土星の公転周期は約30年，そしてその距離は地球—太陽間のおおよそ9.6倍だ．ケプラーの法則に当てはめると，$30^2/9.6^3 = 900/885 \sim 1$ となる．火星の場合も，$1.88^2/1.5^3 = 3.53/3.51 \sim 1$ だ．この法則を見つけたとき，最初の構想から20年近く経っていた．最初にこの関係式を観測値に試してみたところ，ケプラー自身がその結果を信じられないほど，あまりにも正確に成り立った．夢を見ているのか，それとも無意識のうちに計算を無理矢理誘導してしまったかのどちらかではないかと，疑うほどだったという．公式を導くチャンスというのは，万人には与えられていない．が，そのチャンスを与えられても，ものにできない人がほとんどだろう．成功と失敗の境界線には，執念とか努力とかいった，案外泥臭いものがある．

　ケプラーは，ある意味最初の「科学者」と呼べるだろう．それは，思索に走りすぎて観測を無視／軽視したギリシアの自然哲学とは対照的に，事実（観測）に忠実に基づいて数学的な理論を展開したからである．そのハイライトは，観測データと計算値の8分の誤差を認めなかったところだろう．より精緻な理論を探し求め，楕円理論に苦労してたどりついたとき，「科学」が初めて成し遂げられたのである．もちろん，ケプラーの3つの法則はすべてが「科学的に」発見された．こうして，地動説は，静かに，そして科学的に，天動説の「外堀」と「内堀」を埋めていったのである．

　しかしながら，バチカンが地動説を正式に認めたのは，ずっと後のこと（2008年12月，つまり21世紀！）である．ケプラーのルドルフ表が実際に惑星の運動を記述できても，地動説を唱えるものに対する迫害は，まだ続いて

いたのだった．論理や科学を理解できない人にとっては，ケプラーの血の滲むような努力の価値は，まったくわからなかったにちがいない．

2.10 ガリレオ：望遠鏡と地動説と宗教裁判

ティコの天体観測は肉眼観測だった．地動説を科学的に証明したケプラーの研究も，ティコの肉眼観測をもとに行ったものだ．したがって，人間の眼に映るものだけが，研究の対象だった．

人間の住む日常と比べれば，宇宙は無限に近いほどの広さ深さをもっている．したがって，肉眼で見える「宇宙」は，そのほんの一部分にすぎない．実際，歴史において，人間が新しい「眼」，つまり新型の望遠鏡を手にするたびに，人間の宇宙観は塗り替えられていくことになる．見えないものは想像できないし，理解できないからだ．それは，言い直せば，「見」えさえすれば，人間の理解は広がるのである．最初の「眼」が肉眼そのものだとすると，二番目の「眼」，すなわち人類最初の望遠鏡の発明は 17 世紀の初頭になされた．

最初の望遠鏡は，オランダの眼鏡職人によって発明された．しかし，この眼鏡職人は，自分のつくった望遠鏡で，天体をのぞいてみようなどとは露も思わなかった．ただ，遠くの景色が見えるだけで満足だったらしい．一方，望遠鏡発明の噂を聞いたイタリアの物理学者ガリレオ・ガリレイ (Galileo Galilei, 1564-1642) は，望遠鏡で宇宙の彼方に浮かぶ天体を観測してみたいと思った．これが，技術者と理学者の違いというものであろう．

望遠鏡による世界で最初の天体観測は 1608 年ごろ，ガリレオによって行われた．彼は，(1) 月，(2) 金星，(3) 木星，(4) 天の川の順番で観測を行っていった（もちろん，土星や火星などその他の天体の観測も行っているが，ここではその詳細は省くとしよう）．ガリレオは望遠鏡による観測結果を，「星界の報告」(*Sidereus Nuncius*, 1610 年) という本にまとめて出版した．その内容は次の通りである．

(1) 月面の観測：アリストテレスによれば，月より外側の世界は「コスモス」と呼ばれ，「完全」な世界とされる．一方，地球はウラノスと呼ばれた「下界」にあり，そこは不完全な世界とされた．コスモスにある天体（たとえ

図 2.18: 半月の月面の様子（信州にて筆者撮影）．大小のクレーターが無数に見える．黒っぽい丸い部分は「海」と呼ばれるが，実際には溶岩で埋め尽くされた巨大なクレーター．

ば月）とウラノスにある天体（たとえば地球）は，当然その「完全さ」において大きな差がないといけない．しかし，ガリレオが望遠鏡を月に向けると，眼に飛び込んできたのは，山あり谷ありの，地球とよく似た世界だった（図 2.18 参照）．こうして，宇宙を，地球を含む不完全な世界の「ウラノス」と，完全な世界のはずの「コスモス」とに分けて考えるのは不自然ではないか，という認識が生じた．同様に，地球だけを特別視するのも観測結果とあわないことに気づき始めた．こうして，地球も宇宙の一部であるという考え方がガリレオの頭に芽生えた．

(2) 金星の満ち欠け：肉眼では，点にしか見えない金星に望遠鏡を向けると，それは月と同じように満ち欠けを繰り返す天体だった．三日月の形だったり，半月の形だったりと金星の形は望遠鏡のなかでは，日ごとに変わっていくのをガリレオは発見した（図 2.19 参照）．こうして，惑星は自分自身で光るのではなく，月のように，太陽の光を反射しているだけだということがわかった．

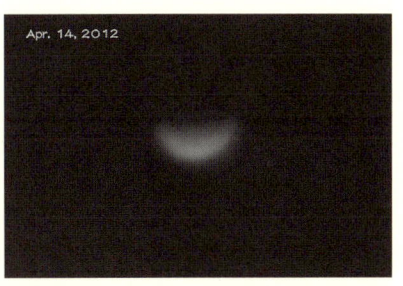

図 2.19: 望遠鏡で見た欠けた金星：右は 2012 年 4 月 14 日に川崎市（生田）で撮影したもので，ほぼ「半月」の形．左は 2 週間後の 4 月 28 日に信州で撮影したもの．より欠けて「三日月」の形になっている．地球に接近すればするほど形は欠けてくる．おもしろいことに，欠けた金星の方が満ちた金星よりもずっと明るい．

一方，恒星を望遠鏡でのぞいてみると，それは肉眼で見たときと同じように点状に見えた．これは，恒星が惑星に比べるとはるか遠方にあることを意味していると，ガリレオは考えた．

(3) 木星の衛星：太陽系の惑星の 1 つである木星の観測を行ったガリレオは，木星の周りに，肉眼では見えない新しい「星」を 4 つ発見した．当初，これらの星は恒星（つまり動かない星）だと考えたが，毎日続けて観測すると，そうではないことが明らかとなった．つまり，木星の周りを動き回っていたのだった．その動き方は，木星を中心として左右に振動していた．この観測から，ガリレオはこれらの新しい星は木星の周りを回る「衛星」であることを見抜いた．つまり，木星の周りを回る「月」のようなもので，地球からはその回転面に沿った方向から観測しているため，左右に振動しているように見えると解釈したのである．メリーゴーランドの馬は，地上からみると，右に左に行ったり来たりしているように見えるが，空から見ると回転しているのがわかる，というのと同じである．

この発見は，宇宙には「中心」が 1 つしかない，と考える天動説信者には驚愕の新事実だった．つまり，木星とその衛星の付近に，地球以外のもう 1 つの「中心」が存在するということは，宇宙における地球の「中心性」を揺るがすような発見だったからだ．一方，科学的な心をもつものには，この発見が「地動説」，すなわち「宇宙の中心は地球とは限らないこと」を示唆していることは明らかだった．ガリレオが地動説を確信したのも，この木星と木星の衛星

図 2.20: 小望遠鏡で見た木星とガリレオ衛星（2011 年 12 月 11 日，信州にて筆者撮影）：真ん中の大きな星が木星．その他 4 つの小さな星は木星の衛星で，ガリレオ衛星と呼ばれる．一番下がイオ，その上が（木星を挟んで）エウロパ，一番上の 2 つは，左がカリスト，右がガニメデという順番でこの時は並んでいた．ちなみに，木星の表面の模様が見えないのは，暗い衛星を写すために，光量オーバーとなってしまったため．

の観測を通じてだった．この 4 つの衛星は現在，イオ，カリスト，ガニメデ，エウロパと命名されているが，総称してガリレオ衛星と呼ばれる（図 2.20，および図 2.21 参照）．

(4) 天の川：最後にガリレオは天の川に望遠鏡を向けた．空気のきれいな場所にいくと，満天の星空のなか，ぽおっと霞んだように見える大きな帯状の領域に気づく（図 2.22 参照）．夏であれば，さそり座の左，射手座のあたりから天頂を突抜け，白鳥座のあたりまで．冬であれば，オリオンの左側からカシオペア座のあたりまで，天を流れる白い川のように見える．それが天の川だ．欧米では，「乳の流れる道」という意味で "Milky Way" といわれる．宮沢賢治の「銀河鉄道の夜」という小説の冒頭に，天の川についての説明する小学校の理科の時間の描写がある．

「ではみなさんは，そういうふうに川だと云われたり，乳の流れたあとだと云われたりしていたこのぼんやりとしろいものがほんとはなにかご承知ですか．」先生は，黒板に吊した大きな黒い星座の図の，上から下へ白くけぶった銀河帯のようなところを指しながら，みんなに

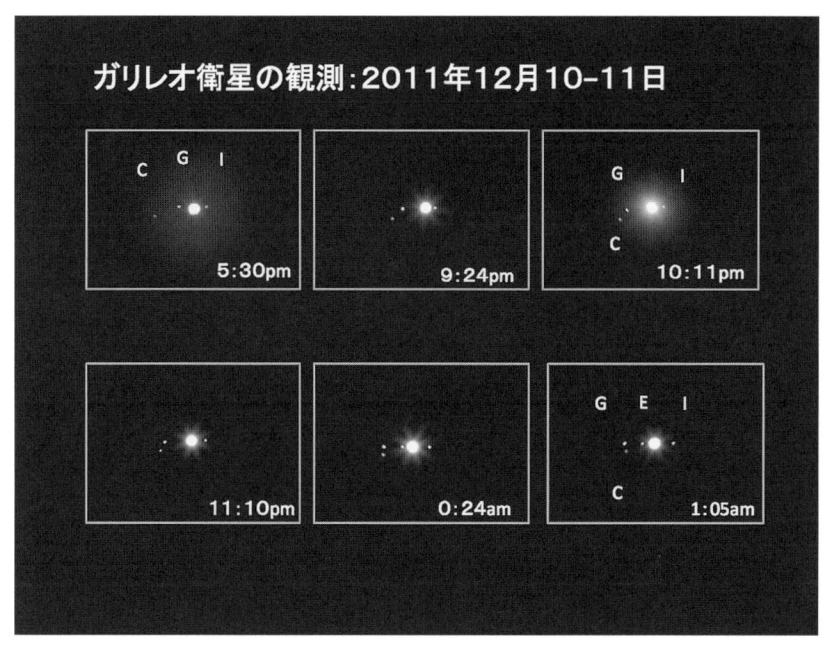

第 2 章 世界の中心は川崎なのか？：宇宙の中心の探求 57

図 2.21: ガリレオ衛星が移動していく様子：夕方まで木星に重なって見えなかったエウロパは，深夜過ぎに木星の左に顔を出した．また，カリスト（左から右へ移動）とガニメデ（右から左へ移動）がすれ違っていく様子がはっきりとわかる．

問をかけました．

　天の川が無数の星々の点々の集まりだということを発見したのはガリレオである．つまり，肉眼でみると連続的に白っぽい液体らしきものが拡がっているように見えるが，その実は数えきれないほどたくさんの恒星が集まったものだ．人間の眼には１つ１つの星が見極めきれず，あたかも液体のように見える．
　アリストテレスの宇宙観では，恒星にはあまり重きがおかれていない．それは，惑星の向こう側の彼方に，無秩序に散りばめられているくらいの認識しかなかった．星の無数の集まりが帯をなして，密集している場所があるという発見は，アリストテレスの宇宙を信じていたものには大きな驚きをもたらしたことだろう．

図 2.22: 長野県で観測した 7 月の天の川. 射手座の方角.

　ガリレオに関しては,もう 1 つ知っておくことがある.いわゆる「宗教裁判」だ.木星の衛星の観測などから,地動説が正しいと確信したガリレオだったが,その意見を公にすることには慎重だった.コペルニクスと同じく,彼もバチカン(キリスト教カトリック宗派の大本山)の認めた天動説に異を唱えることが,何を意味するかよくわかっていたからだ.

　ガリレオが活躍するちょっと前に,イタリアの宗教家・哲学者のジョルダーノ・ブルーノ (Giordano Bruno, 1548-1600) は,コペルニクスの地動説を信じ,アリストテレス学派の批判を展開した.これが異端審問所の目に留まってしまう.長年の放浪生活の果てに,ついに逮捕されたブルーノは,教会から

「自説を曲げるのであれば，放免してやろう」と持ちかけられる．しかし，彼は頑として自分の考えを曲げることはなかった．1600 年，ブルーノは火刑に処せられ没する．教会の意に反するということは，当時，死を意味したのだった．天動説を否定し，地動説を主張することも同様だった．

　この事件の顛末を当然知っていたガリレオは，自説を直接的な形で表現するのではなく，空想上の人物同士の会話という形を採用する．いうなれば小説風の表現で地動説をやんわりと主張することにした．この本は「天文対話 (Dialogo sopra i due massimi sistemi del mondo, 1632)」という名前で出版される．

　ガリレオの著作は当初は教会の承認を受けていたように見えたが，突然教会の態度は豹変する．ガリレオの主張は異端とされ，ついに裁判にかけられることになってしまった．裁判での厳しい追及の末，ガリレオは自説をまげて「天動説こそ真実であり，地動説は間違っていた」と宣誓してしまう．この証言により，有罪（つまり死罪）は免れたものの，精神的に大きなダメージを負ったようだ．「それでも地球は回っている」と裁判の後に呟いた逸話が伝わっている．裁判が終わって間もなく，ガリレオは両目を失明したり，唯一心を許せる存在だった長女と死別するなど不遇が重なった．そして裁判の 10 年後に，77 年の生涯を閉じる．

　ブルーノとガリレオ．どちらも地動説を主張し，異端審問にかけられたが，その結末は大きく分かれた．はたして，自分の主張を貫いて死刑となった者と，自分に嘘をついて 10 年ばかりの命を稼いだ者と，いったいどちらが幸せだったといえるだろうか？

2.11　ニュートン：地動説の静かな勝利

　地動説を弾圧し，勝利を勝ち取ったかに見えた天動説だが，落日はまもなくやってきた．

　まず，ケプラーの法則のあまりの正確さに科学者たちは驚いた．そして地動説の正しさに対し，確信を深めていった．そして，決定的だったのは英国の物理学者アイザック・ニュートン (Isaac Newton, 1642-1727) が発表した重

力理論だった．その著作はプリンキピア（Philosophiae Naturalis Principia Mathematica, 1687年出版）として知られ，当時のベストセラーとなったほどだ．プリンキピアで，ニュートンは重力理論に数学を適用し，ケプラーの3つの法則を導出法を示した．その鮮やかな手法はヨーロッパ全域で尊敬の念をもって認められ，ニュートンの権威はアリストテレスのそれを抜くほどにまで到達した．

じわじわと追いつめられたバチカンは，表立った抗議はせず沈黙を決め込んだようである．そうして，前述したように，21世紀になってようやく白旗を掲げたのだった．

現代においては，ニュートンの理論を用いてケプラーの3つの法則を導くのは，理学部に入学した大学1年生が習う必修テーマとなっている．この問題を通して力学の基礎を学ぶとともに，微分積分のよい演習問題にもなっている．太陽の重力に従って運動する，地球の運動方程式は，3次元空間中の微分方程式の形で表現でき，

$$\mu \frac{d^2 \vec{r}(t)}{dt^2} = -G \frac{\mu M}{r^3} \vec{r}(t), \tag{2.2}$$

と表される．左辺が運動学（加速度）を表し，右辺が重力を表す．ここで，M は太陽の質量，μ は地球の質量，G が重力定数，そして $\vec{r}(t)$ は時刻 t における地球の位置を表す位置ベクトルとする．t は時間．この方程式を時間について積分すると，ケプラーの3つの法則すべての結果を得ることができる！おもしろいことに，微分積分を発明したにもかかわらず，ニュートンはこの方法でケプラーの3法則を証明していない．そのかわりに，ユークリッド幾何学を多用した図形的な証明を展開している．まだ，微分積分が普及していなかったため，理解できる読者が少ないだろうと，ニュートンは思ったのだろうか？

2.12　ハーシェル：銀河系の発見

古代ギリシアのピタゴラスは，音楽の和音の研究から「調和する宇宙」という発想を得たというが，音楽と天文学はときおり密接な関係をもつ．そして，

それは 18 世紀にも起きた．

ウィリアム・ハーシェル (Frederick William Herschel, 1738-1822) は，ドイツのハノーバーという街で，音楽家の家系に生まれた．後にハーシェルは英国に帰化したため，英国人であると説明されることが多い．ハノーバーで軍楽隊などに務めた後，彼は英国本島のバースという街へ移り住んだ．この街の教会でオルガン奏者として生計を立てることになったからである．

バースは，ロンドンがあるイングランド東部とは反対側，すなわちイングランド西部にある．ロンドンからバースに行くには，出発するとまもなく広がる平原のなかを，地平線の向こうを目指してひたすら西へ車を走らせることになる．高緯度にある英国では冬の夕暮れは早く訪れるため，お昼過ぎともなるとオレンジ色に景色は染まってしまう．こんな日の午後に西へドライブにでかけると，西日がつねに目の前にあって眩しいことこのうえない．お日様と競争しながら 2,3 時間も走ると，イングランドの西海岸にようやくいたる．ブリストルという大きな街があり，そこを越えてさらに西へ進むとウェールズへ入るが，ハーシェルが暮らしたバースへは，海岸のちょっと手前で高速道路 M4 を下り，地方道路を南下するとまもなく丘の向こうに見えてくる．歴史的には，この街は古代ローマ帝国の植民地（というよりは避暑地に近い感覚か）の 1 つで，当地に湧く温泉が古代ローマ人の心を引きつけた．現代の日本人同様，彼らも風呂好き，温泉好きだったという．現在もスパがあり，保養所，観光名所として多くの人が訪れる場所だ．

プロのオルガン奏者だったハーシェルの趣味は天体観測だった．最初は肉眼で観測していたであろう．天文学の知識も独学だった．すべては，夕方のオルガン演奏の仕事が終わった後の時間を使っての活動だった．やがて，反射望遠鏡の自作が可能なことを知り，自らの観測のための望遠鏡をつくることを思い立つ．レンズや鏡の磨き方，望遠鏡の構造についての本を読みあさり，それを実践した．

妹のキャロライン (1750-1848) は，優秀な助手であるとともに，研究に没頭する兄の生活の面倒をすべて引き受けた．寸暇を惜しんで反射鏡を磨き続けるハーシェルは，それこそ食べるのも忘れて作業に没頭したという．健康を心配したキャロラインは，鏡を磨き続ける兄の口に，食物を少しずつ入れて食べさ

せたほどだったという.

ハーシェルは口径の大きな反射望遠鏡を次々と組み立て，夜空に浮かぶすべての星々を記録しようと，全天観測（掃天）を毎夜続けた．この兄と妹は，それから数年間にもわたり，徹夜で観測をしたというから驚異的だ（もちろん，昼間は教会の仕事で忙しかったから，ドラキュラのような昼夜逆転の生活ではなく，文字通り「徹夜」だった）．このようにして，新しい二重星や，新しい星雲を次々と発見していった（図 2.26 参照）．

ハーシェルの人生の転機は，1781 年にやってきた．長年の掃天記録をもとに，かすかに「動く」星を見つけたのである．自分の観測データを解析した結果，それまで恒星と思われていた星は，じつは「彗星」だったとハーシェルは発表した．観測が進み，他の天文学者の研究が深まると，この天体は「彗星」ではなく，実は土星のはるか向こうで太陽の周りを回る，巨大な「惑星」であることが判明した．古代文明やそれ以前の砂漠の民が，肉眼で観測して確認できた惑星は，水星，金星，火星，木星，そして土星の 5 つだったが，望遠鏡が発明されて後，科学と技術の力によって最初に発見されたはるか遠方の惑星が，このハーシェルの惑星だった．人類にとって，数千年ぶりの新惑星発見ということになる．この功績により，ハーシェルは王立天文学者として，英国王の庇護の下に天文研究に専念できる環境が与えられた．こうして念願叶って，バース教会のオルガン奏者は，プロの天文学者に転身することができたのだった．妹のキャロラインも王立天文学会の一員となり，ハーシェルの公式の助手として認められた．

とはいえ，英国王からの助成金は少なかったようで，望遠鏡の製作販売を糧にして，ハーシェルは研究費を捻出した（図 2.23 参照）．その性能は最高級で，あちこちから注文が舞い込み，ずいぶん儲かったようだ．ハーシェルは口径 1 メートル以上，焦点距離 120 メートル弱の大型望遠鏡を 4 年がかりで作成する一方で，使い勝手のよい 60 センチ程度の口径をもったニュートン型の反射望遠鏡を日常の観測に用いて，さまざまな発見を成し遂げた．太陽自体の固有運動や，土星の衛星の発見，そして銀河系宇宙の発見などである．

ハーシェルの「得意技」は，精力的な「掃天観測」といえよう．天王星の発見も，この得意技によって成し遂げられたといえる．彼は，次の研究テーマと

第 2 章　世界の中心は川崎なのか？：宇宙の中心の探求　　　63

図 2.23: ハーシェルの 40 フィート (12 m) 反射望遠鏡の一部（英国にて筆者撮影）．18 世紀当時，世界最大の望遠鏡だった．ハーシェルの自宅に備え付けられた当初は，観光名所となって多くの見物客が押し寄せたとか．しかし，あまりにも大きすぎて使い勝手が悪く，ハーシェルは実際の観測には使用しなかったという．現在はグリニッジ天文台に展示されている．

して，その得意技を天の川の星々に適用した．天の川が，無数の星々の集まりであることは，前世紀のガリレオの観測によってすでに明らかとなっていた．それから 150 年以上経って，望遠鏡の精度は格段に進歩していた．ハーシェルの高性能望遠鏡を用いれば，天の川を構成する星々を 1 つ 1 つ分解することが可能になっていたのである．

　天空における位置を調べ上げた後にハーシェルが挑んだのは，恒星分布の奥行き，すなわち星までの距離の測定だった．この当時の科学と技術では，距離の直接測定や絶対値測定は不可能だったが，ハーシェルは星の明るさの違いを利用して，その相対距離の測定を行った．

　それは，遠くの星ほど暗く見えるという，いわゆる「逆 2 乗則」の応用である．ある点光源を考え，ここから飛び出す光線の数を，たとえば 10 本としよう．これが 20 本の光源ならばより明るい星に相当するし，5 本なら暗い星

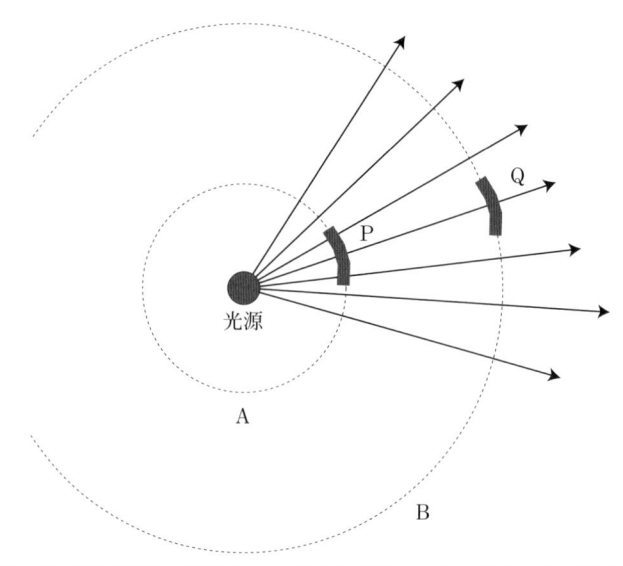

図 2.24: 逆 2 乗法則の原理．光源から 7 本の光が出ていると仮定する．光源を包む球面 A と B を考える．光源に近い A も，光源から遠い B も，球面全体を貫く「光の矢」の数は同じだが，単位面積当たりの領域を貫く光の数は変化する．同じ面積を持つ領域 P と Q が，それぞれ，球面 A と B に乗っているとする．このとき P を貫く光の数は 3 本だが，Q を貫くのはたったの 1 本である．

ということになる．注意しなくてはならないのは，ここでいう明暗は「絶対光度」に相当するということだ．つまり，同じ場所におかれた場合の明るさの比較である．次に，相対光度について考えてみよう．どんなに明るい光でも，遠くに離すと暗くなってしまう．これは，光源自体が暗くなるのではなくて，目のなかに飛び込んでくる光の数が減少するために生じている．図 2.24 を見てもらいたい．光源から出る光の矢の数は 7 本で，光源の近くにある球 A，および球面から離れたところにある球 B の面を貫いている．球面全体を貫く数は，A も B も同じである．絶対光度は，どの球で観測するかによらず，つねに一定だということである．しかし，単位面積当たりの領域を貫く光の数は，距離によって変化する．たとえば，A の表面にとった領域 P を貫く光は 3 本だが，同じ面積で B の表面におかれた Q を貫く光の数はたったの 1 本である．P や Q を目だとすると，光源から遠く離れて観測する人の目に入る光の矢の数は減少するため，暗く見えることになる．これが相対光度である．

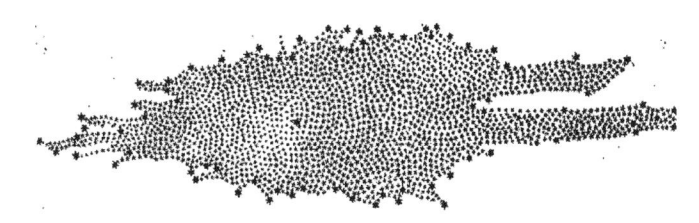

第 2 章　世界の中心は川崎なのか？：宇宙の中心の探求　　　　　　　　　65

図 2.25: ハーシェルの描いた銀河系．図 2.26 や図 2.28 と見比べると，真ん中が膨らんだ円盤状のその形は，実際の銀河の形に近いことがわかる．(出典：W. Herschel, Philosophical Transactions of the Royal Society, 1785)

最後に，相対光度が距離によってどう変化するか考えてみよう．相対光度は，単位面積あたりの光の矢の数だから，「密度」のようなものである（人口密度が一番近い喩え）．絶対光度を表す光の矢の総数を，それを覆う球の面積で割れば，それが光度の密度，すなわち相対光度になる．球の面積は，その半径の 2 乗に比例する．したがって，

$$\text{相対光度} = \text{絶対光度} / \text{距離の 2 乗} \tag{2.3}$$

あるいは，わかりやすく書くと

$$\text{相対光度} = \frac{\text{光の矢の総数}}{\text{距離}^2} \tag{2.4}$$

となる．距離の 2 乗が分母にくるので，この法則を逆 2 乗則と呼ぶ．つまり，光源から離れれば離れるほど相対光度は低下していく．たとえば，ある星 A と B が同じ絶対光度を持っているとしよう．にもかかわらず，B の方が A よりも 4 倍暗く見えるとすると，B は A の 2 倍遠くに位置しているということになる（じつは，重力の法則も逆 2 乗則に従う．式 2.2 参照）．

ハーシェルの時代，赤色巨星や白色矮星などのような，大きさも明るさも異なるさまざまな星が存在していることは知られていなかった．したがって，どんな種類の星が天の川を形成しているかなど知る由もなかった．しかし，ハーシェルは，あえて「すべての天体の絶対光度は等しい」と仮定したのである．この仮定は，現在の天文学の観点からしてもそれほど悪い仮定ではない．というのは，天の川に含まれる星は，比較的若い星が多く，そのほとんどが「主系列星」といわれるタイプの恒星に属しているからだ．また，ハーシェルの使っ

た望遠鏡でいちばんよく見えたのが主系列星だったこともある．このような偶然に助けられたうえに，ハーシェルの超人的な努力の結果が加わり，ついに天の川を構成する星々の3次元分布の概略が明らかになった．それは，現在の望遠鏡でみたアンドロメダ銀河のように，レンズ型によく似た分布図を描き出していた．人間が初めて，はるか遠方の星々の分布図を手にした瞬間だった．この星の集団は銀河系（天の川銀河）と呼ばれるようになった．

　私たちの太陽は銀河系にある無数の星々の1つにすぎないことや，天の川が霞んで見えるのは，銀河系の中心部の方向，すなわち星と星がもっとも重なる方向を人が見ているからである，ということが明らかとなった．

　さて，このとき，ハーシェルは太陽の位置をどこにおいたかというと，銀河系の中心においたのであった．人間はやはり，自分に馴染みがあるものは宇宙の中心におきたがる傾向があって，ハーシェルといえどもその性質からは免れなかったということだろう．

2.13　ハッブルの最初の成果：島宇宙か否か？

　ハーシェルが天王星を発見したとき，「彗星」だとまちがえてしまったのには理由がある．17，18世紀の天文学会でもっとも興味をもたれていたのが，彗星だったからだ．彗星も太陽の周りを周期的に回っている天体だと見抜いたのは，ニュートンの友人の英国人エドモンド・ハレー (Edmond Halley, 1656-1742) だった．彼は歴史の記述を調べ，76年おきに大きく明るい彗星が報告されていることに気づいた．1682年に出現した巨大彗星がこれに当たるとして，76年後の1757年にこの彗星は再び戻ってくるだろう，と予言したのである．ハーシェルが天王星を発見したのは，1757年のハレー彗星回帰が証明されたわずか24年後だったから，当然この当時の天文学では彗星研究が流行っていたはずである．

　彗星は茫とした天体として観測されるが，その位置を刻々と変える．とくに太陽に接近したときは，数日あるいは数週間も観測していれば移動していることがはっきりわかる．しかし，流星ほどの速さでは動かないので，望遠鏡でのぞいてみてもすぐにこれが彗星だ，とは結論できない．数日，あるいは数週間

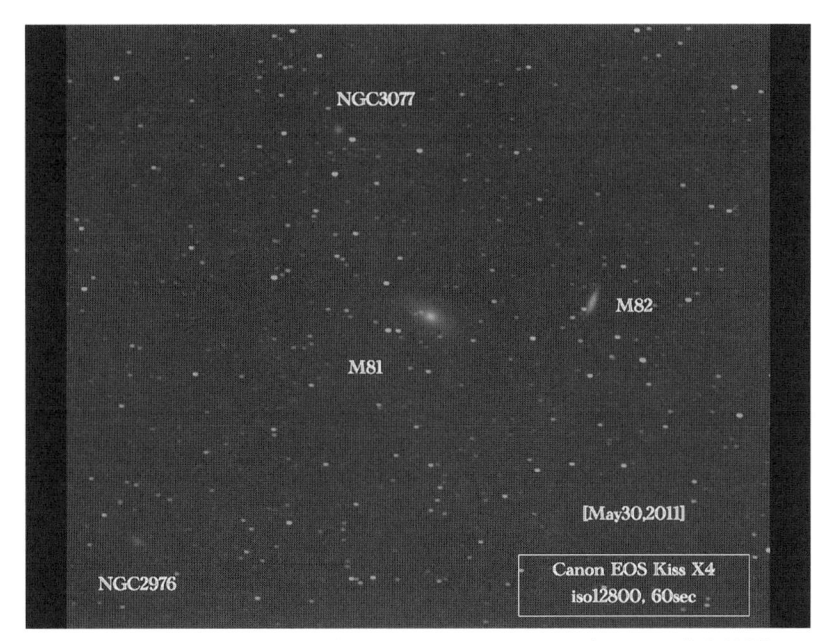

第 2 章 世界の中心は川崎なのか？：宇宙の中心の探求

図 2.26: 小口径の望遠鏡で撮影したおおぐま座の銀河団（信州にて筆者撮影）：M81, M82 など．たとえば，NGC2976 銀河は，この望遠鏡だと彗星のように見える．実際には地球から 1100 万光年離れた位置にある渦巻き銀河である．実は NGC2976 は 1801 年にハーシェルによって発見された銀河（当時は星雲と呼ばれた）．

　は継続して観測する必要がある．18 世紀のレベルの望遠鏡ともなると，性能が上がり，夜空の星々を観測していると，彗星のように見えて，そうではない天体がたくさんあることがわかってきた．それは，恒星のように位置を変えないが，彗星のように茫と広がって見えるのである（図 2.26 参照）．これらは，「星雲」と呼ばれた．未発見の彗星探査には，星雲は邪魔な存在だ．たとえば，新発見の彗星だと思って数週間続けて観測してみたところ，まったく移動する気配がない．つまり，星雲と彗星をまちがえていたということになれば，この観測は徒労に終わる．これを繰り返すと，貴重な研究時間を無駄に費やすことになってしまう．18 世紀の天文学者にとって，「星雲」は邪魔な存在以外のなにものでもなかった．

　こうして，彗星探索を目指す研究者向けに発刊されたのが，フランスの天文

図 2.27: 渦巻銀河の例．おおぐま座にある M101．この銀河では 2011 年 8 月に超新星爆発があった．この写真は 2012 年 4 月 28 日に撮影したので，爆発からすでに半年以上経っている．しかし，微かに超新星爆発の痕跡がわかる（囲みの中の矢印の先）．21 世紀では，アマチュア天文家でもデジカメを使って，銀河の撮影を気軽に行うことができる．（信州にて筆者撮影）

学者シャルル・メシエ (Charles Messier, 1730-1817) の著した「星雲および星団」と呼ばれるカタログである．これはメシエカタログとも呼ばれ，現在もアマチュア天文学者の必携の書である（もちろん，現代風に再構成されたものだが）．

メシエカタログのなかでもっとも目立つのが，カタログの 31 番目に記録され，M31 と呼ばれるアンドロメダ星雲だ．

19 世紀の終わりまでには，M31 のような大きな星雲の構造が少しずつ明らかになり，渦巻きの腕が確認された．しかし，それが星の集合であるかどうかは，当時の望遠鏡の分解能では確認できず，星雲の正体は不明のままだった（図 2.27 および図 2.28 参照）．

この当時の宇宙観は 2 つに分かれていた．最初のものは「島宇宙」と呼ばれるもので，宇宙は無限に広がっているが，その中心部分のみに星があり，その集団が銀河系（天の川銀河）を形成しているというものである．もう 1 つは，アンドロメダ星雲のように，われわれの住む天の川銀河に類似した銀河は無数にあり，それが延々と空間に広がっている，という宇宙観である．前者はウィルソン山天文台のシャプレー (Harlow Shapley, 1885-1972) によって，後者はピッツバーグ大学アレゲニー天文台長のカーティス (Heber D. Curtis,

図 2.28: 小口径の望遠鏡で撮影した M31 アンドロメダ大星雲．渦巻き構造がなんとかわかるか，わからないか程度に写っている．この程度の望遠鏡では，アンドロメダ星雲が無数の星の集まりかどうかはハッキリしない．M31 の上方に見える小さな銀河は M110，一方右下にボンヤリ光る小さな楕円銀河は M32．どれも M31 の重力に引っ張られている．（筆者撮影）

1872-1942) によって主張された．2 人は激しい論争を繰り広げたが，決着がつかなかった．

シャプレーは，セファイド型変光星の性質を巧みに利用した恒星距離測定法を用いて，天の川銀河の大きさ（直径）を 10 万光年と見積もることに成功した．これは，ハーシェルをはじめ，20 世紀初頭の天文学者が考えていた大きさよりも，はるかに大きな値だった．人間が初めて見る巨大な宇宙構造に，「こんなに大きなものなら，きっと宇宙の果てまで広がっているはず」とシャプレーが考えたのも無理はないだろう．

シャプレーは同じ方法を用いて，銀河系の中心から太陽までの距離も測定し，太陽は銀河の中心ではなく，むしろ銀河円盤の縁に近いところにあること

を発見した（銀河中心から約 3 万光年の距離に太陽はある．一方，銀河円盤の半径は約 5 万光年）．19 世紀のハーシェルが仮定した「太陽中心説」は，この発見により却下された．ある意味，コペルニクスが地球中心説（天動説）を否定したのと同様に，自分の世界が宇宙の中心と思い込む，人間の傾向がまちがっていることが再度示された．

シャプレーとカーティスの論争に決着をもたらしたのは，シャプレーが用いたセファイド型変光星を用いた恒星距離測定法だったが，おもしろいことにシャプレー自身の観測ではなく，カリフォルニアのウィルソン山天文台の研究員だったハッブル (Edwin Hubble, 1889-1953) による観測が決め手となった．これには理由がある．まず，シャプレーは，アンドロメダ星雲が天の川銀河のなかに収まっていると捉え，比較的小さな天体だと考えていた．したがって，アンドロメダ星雲に無数の星が含まれ，銀河系と同様な巨大な構造体であるとは考えられなかった．ましてや，アンドロメダ星雲のなかにセファイド型変光星が多数含まれているとは露とも思わなかった．

一方，ハッブルは，なんの予見もおかず，シャプレーの方法をアンドロメダ星雲に素直に適用することができた．もちろん，ハッブルの研究環境の良さも味方した．ウィルソン山天文台には，当時世界最大の反射望遠鏡が備えられており，ハッブルの大発見はこれに負うところが大きい．その望遠鏡を使って初めて，アンドロメダ星雲は星の集合であることが確認されたからだ．これは，17 世紀ガリレオが，望遠鏡観測を通して，天の川が星の集まりであることを発見したことに匹敵するほどの重要な発見だ．

アンドロメダ星雲を星々に分解することに成功したハッブルは，さらに，そのなかにセファイド型変光星がないか目を凝らして探した．そして，たくさんあることを発見したのである．ここまでくれば，変光星を用いたシャプレーの方法を適用し，アンドロメダ星雲までの距離を計算するだけとなる．こうしてアンドロメダ星雲と地球の間の距離は 90 万光年と算出された（その後，測定法に改良が加えられ，現在は約 200 万光年とされている）．それは天の川銀河の直径 10 万光年よりもはるかに大きい値であり，明らかにアンドロメダ星雲は，天の川銀河の外側に位置する天体であることを意味していた．つまり，銀河系に匹敵するような巨大な星の塊としての別の銀河が，宇宙には複数存在し

ているということがわかったのである．シャプレーの島宇宙論はこうして否定された．

　この出来事もある意味，「自分の世界が宇宙の中心である」と考えてしまう人間の癖がまたもやまちがっていたということだろう．地球中心説が否定されれば，より人間に近い太陽が宇宙の中心とされる．それも銀河の辺境にあると証明されてしまうと，今度は人間の住む天の川銀河を宇宙の中心と考えたくなる．しかし，それもついには否定され，天の川銀河は，宇宙に無数に存在する銀河の1つにすぎないこととなったのである．アリストテレスに始まり，コペルニクスからハーシェル，そしてシャプレー，ハッブルへと続いた，「宇宙の中心を探る旅」は，ついに，人間の居る場所はなんの特別な場所でもないことが示されて終了した（この事実は，我々地球の生命が特別な存在なのか，それとも宇宙に普遍的な存在なのか，という究極の疑問にもヒントを与えるだろう）．

　ところが，ハッブルの研究はこれに留まらず，さらなるショックを人間に与えたのである．

第 3 章　アインシュタインの誤り：膨張する宇宙

　変わらないこと，不変であること，安定であること――．人間は心の平安を求め，安心して住むために，このような世界を自分の世界として築く．世界観や宇宙観の構築も，心の安心を求めるために始まり進展したといえるだろう．それが正しいかどうかはともかくとして．古代ギリシア人が天動説を好み，宇宙の中心，すなわち円の中心を特別視し，そこに地球をおいたのは，自分たちの世界が永遠に落下してしまうという，（根拠のない）恐怖感から逃げ出すためだったのかもしれない．

　科学が進歩しても，人は自分の世界を宇宙の中心におきたがるという「本能」には変わりがないらしい．同様に，安定する宇宙を求める人間の「本能的な欲求」も基本的には同じままだった．相対性理論を生んだ 20 世紀においてもそれは変わらなかった．あの偉大なアインシュタインですら，この呪縛から逃れられなかったのである．彼は，4 次元空間の歪みによって重力を説明する一般相対性理論を発表した際，自分の導いた重力方程式を宇宙全体に当てはめ，宇宙の過去と未来がどんな姿であるのか考察した．そのとき得られた解は「膨張する宇宙」だった．つまり，宇宙は移ろい，変わっていくものである，ということを意味していた．彼は，この解は「非現実的」だと考え，自分の理論に修正を加えてしまった．その修正により，宇宙を永遠に不変で，安定するように細工を加えたのである．後の観測により膨張する宇宙が明らかになった際，アインシュタインは自らの理論修正を「生涯最大の過ち」といって深く後悔したという．

　膨張する宇宙，つまり変遷する宇宙の姿というのは，観測によって 20 世紀の初めに確認されるまで，歴史上誰も考えなかった宇宙観である．この劇的で，人間を不安に陥れる「真実」の宇宙の姿が，20 世紀以降どのように理解

図 3.1: 角度と移動距離の関係

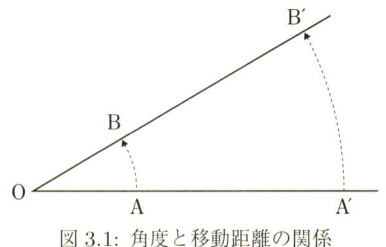

されてきたのか，この章で概観してみよう．

3.1 ハッブルのもう 1 つの発見：宇宙の膨張

ある晴れた秋の日曜日の午後，青空を見上げると，一筋の白い飛行機雲がゆっくりと動いていくのが見える．ゆっくりゆっくり，その白い線は伸びていく．その動きを追うことは至極簡単だ．

一方で，ある蒸し暑い夏の土曜日，1 匹のハエが食卓に入り込んでしまった．家族総出で捕まえようとするものの，その動きが速くてなかなか捕まらない．障子を破り，お茶をひっくり返し，やっとのことで退治した．ハエの動きを追うことは，なかなか厄介だ．

ハエの飛ぶ速さは秒速 2 メートルくらいだろう．人間にとって，これはたしかに速い．しかし，時速に直してみると，時速 10 キロメートル足らず．一方，飛行機はというと，おおよそ時速 1000 キロメートル．圧倒的にハエより速い．では，どうして速いはずの飛行機は目で追えるのに，遅いはずのハエは目で追えないのだろうか？

これは，人間の目は，いわば「角度」を測定する「機器」だからだ．食卓で暴れるハエと，飛行機雲をつくって飛んでいく飛行機との違いは，観測する人間との距離である．圧倒的に，後者の方が遠方を飛んでいる．ここで，図 3.1 を利用して考えてみよう．まず角度 AOB と角度 A'OB' を考える．両者とも同じ大きさの角度である．次に，点 A にある物体は点 B を目指し，点 A' にある物体は点 B' を目指すとする．ここでは，両者ともに同じスピードで移動

すると仮定しよう．どちらの物体も同じ角度をカバーするが，弧の長さが異なるため，Aから出発した物体の方が先にBにたどり着く．つまり，点Oにより近いAからBにかけて描かれる円弧ABの方が，円弧A'B'よりも短い．もし目が角度しか認識できないとすると，Aから出発する物体の方が「速く」移動しているように見える．実際にはAの物体もA'の物体も同じ速さで運動しているにもかかわらずにである．これが，眼前のハエの方が，遠方のジェット機より「速い」ように見える「からくり」である．

似たような状況は，星の運動でも起きる．地球の自転による，見かけの日周運動を除外すれば，天空を見上げたとき，ほとんどの天体は止まっているように見える．唯一の例外は流れ星で，これは数秒間のうちにすーっと夜空を横切っていく姿を見ることが可能だ．流れ星というのは，隕石などが地球の大気圏で燃え尽きる現象なので，天文現象としては地球にもっとも近いところで起きている現象であり，いわば「ハエ」に相当する．太陽，月，そして太陽系の惑星など，次第に天体が地球から離れていくにつれ，その動きは目立たなくなってくる．実際，この性質を利用して，古代の天文学者たちは惑星が並ぶ順番をかなり正確に把握していた（図3.2参照）．見かけの「動き」が遅いため，これらの太陽系の天体の運動を確認するには，少なくとも数日間にわたって観測し続ける必要がある（たとえば，図2.2の土星の観測データを参照）．

太陽系のさらに向こうに存在する「恒星」は，17世紀より前の人類にとっては「動かない星」だった．しかし，実際はものすごい高速で移動していることが現代ではわかっている．はるか遠方にあるため，「動いていないように見える」だけだったのだ．最初に，恒星の運動に気づいたのは，ハレー彗星を予言した英国のハレーだった．1718年，彼は自分自身で観測して調べた3つの恒星の位置が，1500年前に記された天文学の聖典「アルマゲスト」に載っている星図データと比較して，角度にして1度だけずれていることに気づいた．角度1度のずれとは，見かけの月の大きさの2つ分の角度に対応するから，相当なずれといえよう．ほとんどの星に関してはぴったりと一致しているのに，この3つの星の位置だけが大きくずれていたのだった．ずれていたのは，シリウス（おおいぬ座），アークトゥルス（牛飼い座），そしてアルデバラン（牡牛座）であり，明るく目立つ恒星である．つまり地球に比較的近い星々

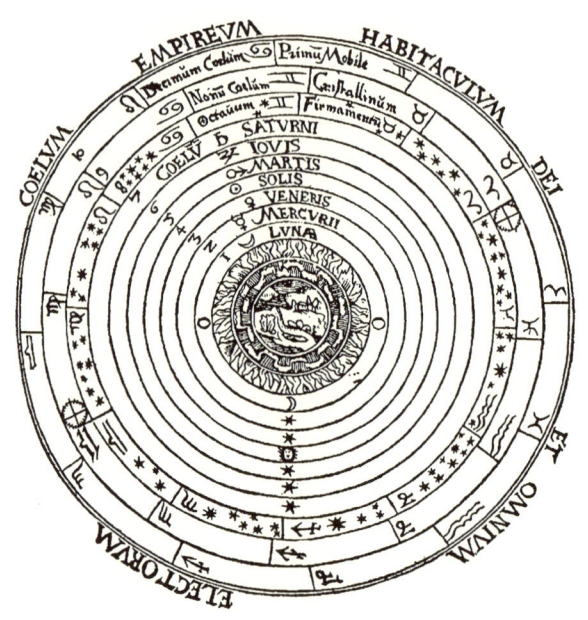

図 3.2: 16世紀に描かれたプトレマイオスの地動説に基づく惑星の配置．中心から，地球，月（Luna），水星（Mercurii），金星（Veneris），太陽（Solis），火星（Martis），木星（Jovis），土星（Saturni）と比較的正しい順番で天体が配列されている．(出典：Peter Apian, "Cosmographia (1539)")

であるということだ．ハレーは，これを星の固有の運動と解釈した．数ある星のほとんどは数千年の時を経てもまったく動く気配もないほど遠方にあるだろうが，なかには地球に「近い」星もあって（といっても，何光年も先にあるのだが），数千年もがんばればなんとか位置の変化が記録できるようになるだろうと考えた．ハレーの観測は，ハーシェルの掃天観測には及ばない部分的な観測であったので，恒星の固有運動の発見はわずか3つの星だけにとどまった．

　一方，掃天観測のスペシャリストであるハーシェルは，1783年頃，14個の恒星が固有運動していることを突き止めた．そのうちの1つが，私たちの太陽であり，こと座のベガに向かって移動していることが判明したのである．こうして，「恒星」のイメージがガラガラと音を立てて崩れ始めた．「不動の星」ではなかったのだ．

しかし，ハーシェルもハレーも，遠方にある恒星の運動速度をリアルタイムで測定することは不可能だった．ましてや，数千年待っても動く気配もみせない大多数の恒星については，その運動自体を証明することは困難だった．17世紀から18世紀にかけての光学の完成，続いて19世紀の電磁気学の完成，そして最後に量子力学による原子物理学が成立するにいたり，とうとう人類は遠方の星々の運動速度を測る方法を手に入れた．以下では，その方法について説明したいと思う．

3.2　光のスペクトル

19世紀までに光が波であることがわかり，その屈折現象を利用して光を「分解」することができるようになっていた．色の違う光は異なる屈折率を持つからだ（じつは，20世紀初頭になって，アインシュタインの研究により「光は粒子である」ということになり，さらには量子力学によって「波動と粒子の二重性」と理解が深化していくのだが，ここでは波だと決めつけても害はない．詳しいことは，第4章で議論する）．とくに，太陽光などを分解したものは連続的な色の分布を見せる．これを「連続スペクトル」と呼ぶ．

皮肉なことに，このようなスペクトルを最初に発見したのは，光は粒子であると主張したニュートンだった．ガラスでできたプリズムという光学機器を用いれば，太陽光線を7色に分解できることを発見した（図4.3参照）．虹ができるのはこれと同じ原理で，ガラスを雨に置き換えるだけの違いである．

ここで，ニュートンの光学理論に基づき，プリズムによる光線分解（スペクトル分解）の意味を考えてみよう．まずは，図3.4を見てもらいたい．これは，東京の，とある場所にある街灯の光をスペクトル分解したものだ．注意すべきなのは，この写真が青，緑，黄，そして赤色の街灯が4つ並んでいるのを写したものではないということだ．あくまで，白色に光る街灯1つの写真である．ただし，カメラのレンズの前にプリズムを挟んで撮影している．つまり，白色の街灯の光が，プリズムによって4つの成分に分解されたということだ．人間の眼は赤(R)，緑(G)，青(B)の3色が混ざると白く感じる性質があるので，蛍光灯はRGBの光成分を混じり合わせることで街灯の白い光を作

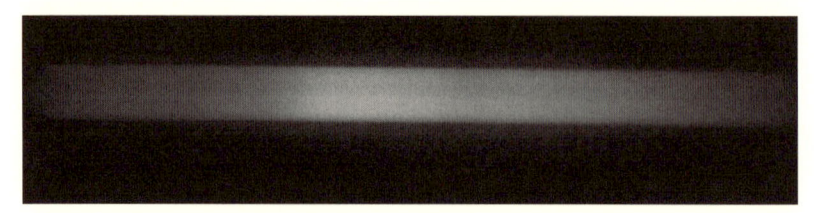

図 3.3: 月光のスペクトル．月の光は太陽光の反射なので，基本的には太陽のスペクトルと同じように連続となる．左から右にかけて，紫，青，緑，黄，オレンジ，赤と色のグラデーションになっている．（筆者撮影）

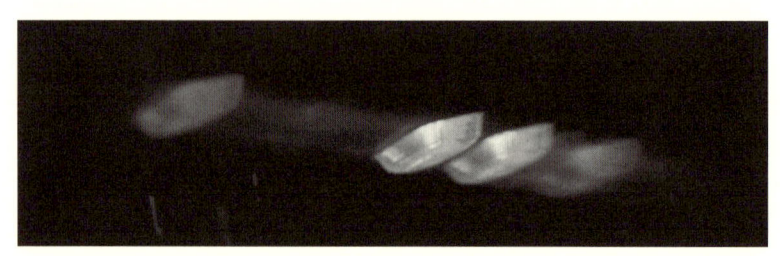

図 3.4: 街灯のスペクトル分解．左より青，緑，黄，赤色に分解された街灯の形が続いている．連続スペクトルではないことに注意．したがって，これは白熱灯ではなく，蛍光灯の街灯だということがわかる．（筆者撮影）

り出すよう設計されている（人間の眼が白い光を感じるためには黄色は余分な成分だが，白色とはいえ少しは暖色の色合いに近づけたいとか，いろいろな理由で黄色が入っているのであろう）．

このように，プリズムはやってくる光源の形をそのまま回折し，成分分解するので，回折角度が小さくなると隣の色の像が重なり合ってしまって見にくいものになってしまう．たとえば，図 3.4 の場合，右側 2 つの街灯（黄と赤に相当）が少し重なってしまっている．それでも蛍光灯は幸い 4 色しかない離散スペクトルなので，色成分の重なりはあまり多くない．しかし，日光や月光のような連続スペクトルの場合は，太陽や月自身の大きさのため，隣と隣の色成分が重なりあってスペクトルの分解度が落ちてしまう．そこで，より精密なスペクトル分解をしたいときは，光源をスリットに通し，光線を髪の毛のように細く絞り，それをスペクトル分解する必要が出てくる．図 3.5 は，紙に切り込みを入れて，（暖色系の）蛍光灯の光を細く絞ってから，スペクトル分解した

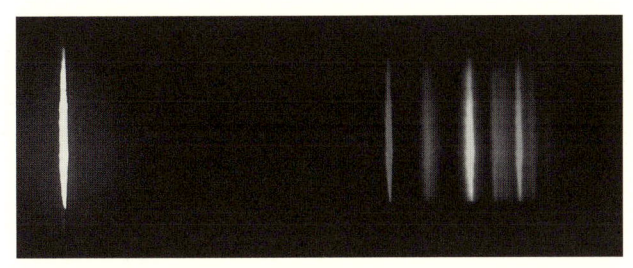

図 3.5: 蛍光灯の光のスペクトル．紙に切れ込み（スリット）を入れ，そこを通した光線をスペクトル分解したもの．左の縦線 1 本がオリジナルの光．右側の線の集まりは，離散的なスペクトルを形成しているが，これがオリジナルの光の構成成分である．おもに水銀原子が放出する光に対応している．

ものだ．電球の形はなくなり，切れ込みの形にスペクトル分解されている．左側の切り込み線がオリジナルの光の像で，右側の線のかたまりが，オリジナルの光をスペクトル分解したものだ．

　1814 年に，初めて太陽光線を細いスリットで絞ってからスペクトル分解したのが，ドイツのフラウンホーファー (Joseph Fraunhofer,1787-1826) だった．異なるスペクトル成分の重なりがなくなるので，含まれる光の成分の情報がより詳細にわかるが，その結果は驚くべきものだった．なんと，連続に見えていた太陽光のスペクトルには「欠けている部分」があったのだ（図 3.6）．これはあたかも，暗線がスペクトルのなかに紛れ込んでいるように見えるが，その本当の意味は，その色成分が太陽には含まれていないということだ（たとえば，図 3.4 の場合，オレンジ色の街灯が写っていないということは，その色の成分が街灯の光には含まれていないことを意味する）．月や金星の光に対して同じようにスペクトル分解を行うと，やはり太陽光と同じ場所に暗線が現れた．恒星の光にも試してみたが，光が弱すぎてうまくいかなかったという．この不思議な並び方をする暗線は，この後 50 年近くの間，その正体，起源，原因について謎に包まれたままとなる．

　謎を解くきっかけは，暗線とは逆の「輝線スペクトル」の発見から始まった．輝線スペクトルは，数本の異なる色成分からなる，離散スペクトルのことだ（輝線スペクトルの例としては，図 3.5 を参照．図の蛍光灯の離散スペクトルは，主に水銀の輝線スペクトルからなる）．最初に輝線スペクトルが発見さ

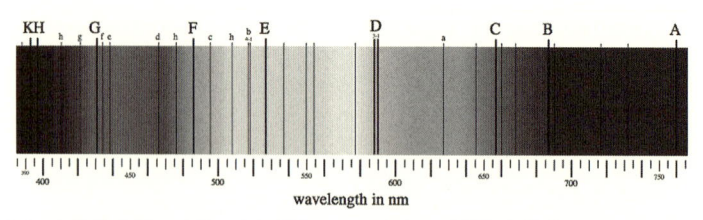

図 3.6: 太陽光を細いスリットに通し，スペクトル分解した結果．フラウンホーファー線と呼ばれる暗線が連続スペクトルのなかに埋め込まれているのがわかる．（作者 Gebruiker:MaureenV，ただし著作権は放棄）

れたのは 1820 年頃のことで，その先駆的な研究を行ったのはジョン・ハーシェル (John Herschel, 1792-1871) だ．この「ハーシェル」は，銀河の研究を行ったり，天王星の発見を成し遂げた，前出の英国天文学者ウィリアム・ハーシェルの息子だ．彼は金属の化合物をアルコールランプで熱し，そこから出てくる光をスペクトル分解することで輝線スペクトルを発見した．次いで 1835 年に，電気回路の研究で有名な英国のホイートストン (Charles Wheatstone, 1802-1875) は，電気スパークで蒸発させた金属から出る光をスペクトル分解すると，金属特有の輝線パターンを示すことに気づいた．そして，これを応用すれば，どんな金属が蒸発しているか同定することができると，学会で発表した．彼は現代の物質研究の主流，スペクトル分光の創始者といえる．

次に，1853 年，スウェーデンのオングストローム (Aders J. Ångström, 1814-1874) は，暗線と輝線の起源は同じで，それは単に物質に吸収されるか，物質から放出されるかの違いであろうという理論を提示する．

オングストロームとは独立に，1854 年，米国のアルテア (David Alter, 1807-1881) は，金属にかぎらず，すべての元素は特有の輝線パターンを持つであろうという仮説を提案した．実際，いくつかの金属と気体の輝線スペクトルを実験的に同定することができた．アルテアの論文には，「輝線スペクトルの研究は，天体の組成同定に応用できるはずだ」という予想が書かれている．そして，「フラウンホーファーの暗線の謎は，輝線スペクトルを研究することで，解かれるであろう」という予言も記されている．実際その通りとなった．現代の天体物理学の出発点はこの論文にあるといってもよいだろう．

そして，ついに 1860 年，ドイツのキルヒホッフ (Gustav Kirchhof, 1824-

1887) とブンゼン (Robert Bunsen, 1811-1899) は，ナトリウム（食塩に含まれる）を燃やしたときに観測できる輝線は，太陽スペクトルに現れるD線と呼ばれる暗線とまったく同じ位置にあることを発見する．こうして，暗線とは，太陽の大気に含まれる物質が，太陽光を吸収するときに形成されることが明らかとなった．さらに，その暗線に対応する光成分は，吸収した物質が熱せられたときに放出する輝線スペクトルと，まったく同じ光成分であることもわかった．キルヒホッフのアイデアに基づけば，太陽スペクトル中の暗線は，太陽を取り巻く物質（太陽の大気）が太陽の中心部からやってくる光を吸収してしまった後の「歯形」に対応するというわけだ．そして，この歯形をさまざまな物質の輝線スペクトルと比較すれば，太陽を取り巻く物質の正体を知ることができる．はるか彼方にある太陽の成分を，スペクトル分解するだけで知ることができる——この発見は，望遠鏡でのぞくばかりの天文学の研究スタイルを，大きく変えることになった．はるか彼方に輝く星々に足を運んでサンプルを採集することなしに，星の光を利用するだけで，星をつくっている物質の種類がわかるというのは驚くべきことだ．こうして，はるか彼方にある太陽の大気に，ナトリウムや水素などが含まれていることが，次々と判明していく．

　さらに，D線の横にある正体不明の暗線が発見されるが，これは当時未発見だった物質によるものであることがまもなく明らかとなる．「地球上で発見されておらず，太陽には大量にある物質」ということから，ギリシア語で太陽を意味する「ヘリオス」をもとにして，この物質は「ヘリウム」と名づけられた．1868年のことだ（キルヒホッフとブンゼンは，このスペクトル分光のテクニックを応用して，新しい元素であるセシウムとルビジウムの発見にも成功している）．

　ところで，熱した金属がどうして輝線を発するのか？　その原因を理解するには20世紀に完成する量子力学が必要となるので，詳細は後の章で説明する．しかし，19世紀の物理学者たちは，ていねいに現象を分析し，少しずつ真実へと近づいていった．この方面の発展については後で詳しく論ずることにして，次の節では恒星の暗線スペクトルが隠しもっていた，さらなる秘密について見ていこう．

3.3 ドップラー効果

暗線にせよ，輝線にせよ，スペクトルのパターンは物質によって独自のパターンをもっている．水銀，鉄，カルシウム，酸素などの元素は，まったく異なる離散スペクトルのパターンをもつ．煮ても焼いても，このパターンを変えることはできないが，光を放つ物質全体が運動（移動）し始めると，スペクトルの様子は若干変わってくる．これは，ドップラー効果によるものだ．

ドップラー効果は，1842年にプラハ大学（チェコ）の数学教授だったドップラー (Christian Doppler, 1803-1853) によって発見された．形式的な説明はちょっとややこしいので，まずは具体例を使って説明しよう．日常生活で，ドップラー効果を実感するなら，救急車のサイレンを聞くにかぎる．救急車のサイレンは，一定周波数（波長）の音を発する音源である（ちなみに，音とは空気が振動して伝える縦波のこと）．救急車が自分に接近してくるときはサイレンの音は甲高くなる一方，通り過ぎ走り去っていくときは低い音に変わる．これは，近づくときと遠ざかるときで，音波の波長が縮んだり伸びたりするからだ．

たとえば，木にゴム紐を結びつけ，片方の端を手で上下に振って波をつくることを考える．ゴム紐を揺らす人間が静止していれば，上下に振る周期に従ってゴム紐は波の形にうねり出す．ところが，結びつけた端に向かって歩きつつ，ゴム紐を揺らすとどうなるか？　同じ周期で上下に降り続けるとしよう．すると，前に進んだ分だけ波形が圧縮され，波長は短くなってしまう．歩く速さが速いほど，この圧縮度は高く，波長はより短くなる．一方，結びつけた端に背を向けて逆方向に歩き出したらどうなるかというと，歩き去る分だけゴム紐が伸びる．したがって，波長は長くなる．端的にいうと，これがドップラー効果である．すなわち，波源の運動の様子によって，そこから発する波の波長が変化する現象がドップラー効果ということになる．音の場合は，波長が縮めば甲高い音に，波長が伸びれば太く低い音へとシフトする．一方，光の場合は波長が短くなればより青や紫色っぽく，逆に波長が長くなれば赤っぽくなる．

地球に対して静止している恒星を考え，その星がたとえば黄色の光を出して

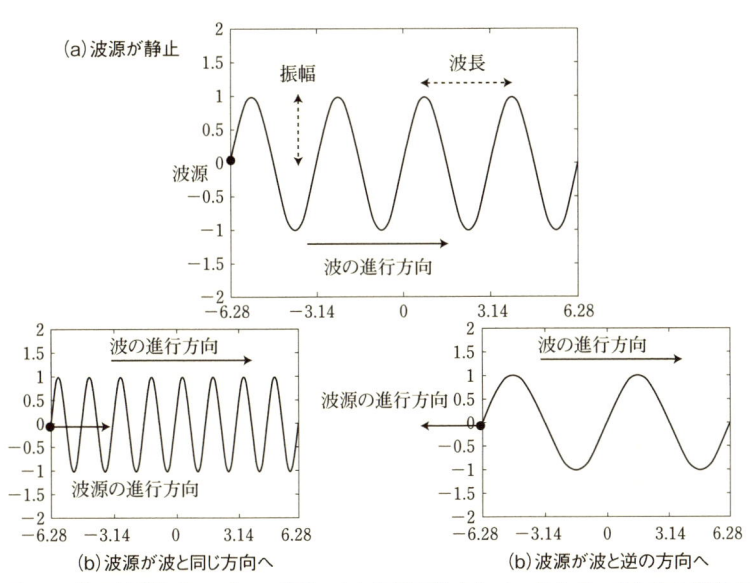

図 3.7: 波の性質とドップラー効果. (a) 波源が静止しているとき. (b) 波の進行方向と同じ方向に波源が動くと波長は縮む. (c) 逆に, 波の進行方向と逆方向に波源が動くと波長は伸びる. 振幅はどの場合にも変化はない.

いるとしよう. この星が地球に向かって接近し始めると, ドップラー効果によって, より青っぽい色に変化していく. 逆に, 地球から遠ざかれば, 赤っぽい色に変化する. 光源が遠ざかることでそのスペクトルが赤色方向にシフトすることを「赤方偏移」, 逆に, 光源が近づきスペクトルが青色方向にシフトすることを「青方偏移」という. つまり, 遠ざかる星々の光のスペクトルは赤方偏移しており, 逆に接近する星々は青方偏移したスペクトルを見せる.

光が波であること, また恒星の光のスペクトルは星に含まれる原子の種類によって独特のパターンをもっていること, そして星が移動していればドップラー効果によってスペクトルのパターンが若干シフトすること, などを利用して, 恒星の運動速度を最初に測定したのが, イギリスのハギンズ (William Huggins, 1824-1910) だった. 1868 年のことである. たとえば, ぎょしゃ座のカペラという恒星のスペクトルを観測したところ, その暗線のパターンは太陽のものに比べて 0.01% だけ赤方偏移していた. これは, 毎秒 30 キロの速さ

で地球から遠ざかっていることに相当する．ちなみに，アンドロメダ銀河のスペクトルは青方偏移を示す．つまり，地球に向かって毎秒300キロの速さで接近している（われわれの住む天の川銀河とアンドロメダ銀河はいずれは衝突する運命にある）．

このように，17世紀に生きたハレーが2000年前の観測データと比較してようやく発見した恒星の運動は，そんなに待たなくても，「リアルタイム」で測定できるようになったのである．星の運動速度を測るのに，星の光のスペクトルを使うなんて，17世紀に誰が想像しただろうか？

3.4 ハッブルの法則

20世紀に入り，1910年から1920年にかけて，アメリカのローウェル天文台のスライファー (Vesto M. Slipher, 1875-1969) らの研究グループは，多くの天体のスペクトルについてドップラー解析を行った．その結果，ほとんどの天体が赤方偏移していることが明らかとなった．

1929年にハッブルは，赤方偏移の度合いとその天体までの距離についての観測データを整理し，両者が「おおよそ比例関係にある」ことに気づいた．これをハッブルの法則という．この法則が意味するのは，より遠くにある星ほど，より速い速度で遠ざかっているということだ．究極の状態を考えれば，「宇宙の果て」にある星々は，光速あるいはそれに準ずる速さで遠ざかっていることを示唆する．

宇宙に無数に存在する星々が，示し合わせたようにハッブルの法則に従うのはどうしてだろうか？ 星々の距離と運動の様子に，大域的なルールが存在するということは，星々の間になにか相互作用のようなものが働いて，その効果のためにハッブルの法則が成立していると，最初は考えたくなる．その相互作用の一番の候補は重力だ．重力には引力しかないので，星々を引き寄せ，集団をつくる原因となっている．星々が集まって星団や銀河系が形成されたり，星間ガスをなす分子や原子が集合して固まりだし恒星となって輝き出すのは重力によるものだ．しかし，引力である重力を理由に，遠くにある星ほど高速で飛び去っていくことを説明するのは難しい．

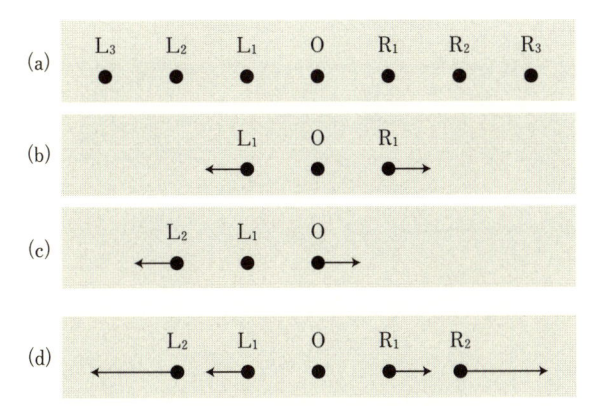

第3章 アインシュタインの誤り：膨張する宇宙   85

```
(a)   L₃   L₂   L₁    O    R₁   R₂   R₃
      ●    ●    ●    ●    ●    ●    ●

(b)              L₁    O    R₁
                ←●    ●    ●→

(c)         L₂   L₁    O
           ←●    ●    ●→

(d)         L₂   L₁    O    R₁   R₂
         ←●←●    ●    ●→   ●→
```

図 3.8: 等方的な膨張とハッブルの法則．(a) 空間を等間隔に区切る．(b) どの基準点の周りも同じスピード (v) で，基準点から遠ざかるとする．たとえば，O の横の地点 L_1 でも R_1 でも，同じスピードで O から遠ざかっている．(c) 基準点を L_1 に変えても同じことがいえる．L_2 は L_1 からスピード v で遠ざかる．(d) 地点 O から見ると，L_2 は L_1 の 2 倍の早さ ($2v$) で移動している．というのは，L_1 は O に対して v のスピードで遠ざかっているので．このように考えると，O からの距離に比例して，移動速度は増大していく．

　そこで考えられるのが，ハッブルの法則が適用されるべき真の物体は，個々の星自体の運動ではなく，宇宙空間そのものだ，という見方である．つまり，宇宙空間自体が膨張しているため，そのなかに張りついている星が動いているように見えるというわけだ．これなら，関係ない無数の星々が，同じ法則に従う理由がハッキリする．ハッブルの法則の物理的な解釈は，「宇宙は爆発的な勢いで等方的に膨張している」というものであり，それはまた，宇宙は等方的であり，特別な「中心」がないという意味でもある（図 3.8 参照）．

　わかりやすいので，3 次元の代わりに，1 次元の宇宙を考えよう．この宇宙に等間隔で目印（星など）をおき，名前を付ける（$R_1, R_2, \ldots$ など）．目印のうち，1 つを選んで O と名付ける [(a) 図]．点 O からある距離だけ離れた点を R_1 と L_1 とする．「等方的な膨張」とは，ある点からみて距離が等しいところは，同じスピードで膨張するという意味とする．したがって，O から見て，R_1 と L_1 は同じスピードで（逆向きに）移動することになる [(b) 図]．同様に，L_1 を中心に考えると，そこから同じ距離だけ離れた点 L_2 と O は，同じスピードで移動する [(c) 図]．図 (b) と (c) の結果を合わせると，点 O から

2倍の距離にある点 L_2 と R_2 は，O から見ると 2 倍のスピードで移動しているように見える [(d) 図].このように，等方的な膨張を次から次へと張り合わせていくと，膨張スピードは距離に比例することが直感的に理解できる.

ハッブルの法則の発見により，人間の「宇宙の中心を探る探求の旅」はかなえられない旅であることが明白となった.また，「永遠なる安定した宇宙」という，心の安らぎを与えてくれるような宇宙観は，木端微塵に破壊されてしまったのである.

「膨張する宇宙」は，同時に「時間を逆戻しにすると，どんどん収縮する宇宙」ということも意味する.その究極は，大きさゼロの「点」だ.つまり「無」である.ハッブルの法則は，宇宙は過去のある時点に，突然，無より生じた，ということも意味している.現代の観測の結果，それは約 137 億年前の昔だったと考えられている.無より宇宙が生じた瞬間を「ビッグバン」と呼ぶ.ビッグバンで始まった宇宙は，膨張を続けている.つまり，宇宙は変遷するのである.

3.5 ビッグバン：宇宙には始まりがあること

現在の宇宙が膨張しているということは，時間を遡ってみていけば，宇宙はどんどん収縮していくはずだ.今日より昨日，昨日より一昨日の方が，宇宙は小さいということだ.1 年前，10 年前，100 年前....どんどん宇宙は縮んでいく.そして，百数十億年も大昔の，過去のある瞬間において，宇宙は 1 点につぶれる.その際，ただつぶれるだけでなく，今宇宙に存在するすべてのものを抱えたまま，1 点に収束していかなくてはならない.必然的に，その瞬間は超高密かつ超高温でなくてはならない.宇宙はすなわち火の玉が爆発するような形で始まったと考えられる.このアイデアを 1948 年に提唱したのが，ロシア出身のアメリカの物理学者ガモフ (George Gamov, 1904-1968) だ.しかし，宇宙が点から始まるというアイデアを最初に述べたのは，ベルギーのルメートル (Georges-Henri Lemaitre, 1894-1966) である.ルメートルは宇宙そのものの誕生，成長，そして死に興味をもって研究を行い，その成果を 1927 年から 1933 年にかけてまとめた.これに対し，ガモフは「火の玉」から創世され

る宇宙の物質の起源（元素生成）にむしろ興味があった．元素合成の機構として，ルメートルの理論を「火の玉」理論と呼び変えて利用したというべきだろう．

ところで，宇宙に始まりがある，という考えに「ビッグバン」という名前を与えたのは，英国の天体物理学者ホイル (Fred Hoyle, 1915-2001) といわれる．じつは，ホイルは定常宇宙を支持していて，宇宙に始まりがあるとするルメートルやガモフのアイデアを嫌悪していた．あるとき，BBC のラジオ番組に出演したとき，ホイルは「このドカーン理論というやつは...」と解説し，ガモフらのアイデアを馬鹿にした．皮肉なことに，これがきっかけとなり，宇宙に始まりがあったとする理論は，ドカーン理論，すなわちビッグバン理論 (Big bang theory) として広く親しまれることになった．

現在の科学では，ビッグバンは今から137億年前に起きたと考えられている．つまり，宇宙の年齢は137億年であり，それより前には虚無しかなかったということになる．しかしながら，宇宙の物質分布や温度のゆらぎの研究から，インフレーションと呼ばれる現象がビッグバンの前にあったかもしれない，という理論も近年提出されている．インフレーションとは，光速を越えた爆発的な時空の膨張のことであり，未解決の問題が山積している．宇宙が始まる瞬間やビッグバン以前の宇宙についての研究はまだ進行中である．

3.6 加速膨張する宇宙：アインシュタインの誤りは誤りではなかったのか？

2011年のノーベル物理学賞は，宇宙の膨張が加速しているという発見に対して，パールミュッター（米），シュミット（豪，米），リース（米）の3人に贈られた．超新星爆発を利用して観測されたこの発見は，この章の冒頭で述べた「アインシュタインの後悔」を，思いもかけない形で「歓喜」へと変えた大発見だった．

宇宙にあるすべての物質は，重力によって互いに引っ張り合っている．ほとんどの物質（原子）は電気的に中性だから，電磁気力は宇宙規模の力学には寄与できないし，核力はミクロの世界に閉じ込められていて星々の間に影響を与えることはできない．したがって，宇宙全体の膨張に効いてくる相互作用は重

力のみと考えてよい．

　引き合う重力によって運動する物体の例を，黒板消しを使って考えみよう．地球上にある大学の教室に黒板が置かれ，そこに黒板消しが備えてあるとする．この黒板消しが感じる主な「力」は地球の重力だ．この黒板消しを勢いよく教室の後方めがけて放り投げてみることにする．最初は，勢いに任せ天井めがけてどんどん黒板消しは空中に上がっていく．しかし，やがてその勢いはなくなって高度上昇は止まり落下へと転じる．そして，最後は床に落ちる．重力によって地球の中心へと引っ張られるためだ．最初の勢いがよほど強くないかぎり，黒板消しは地球の重力圏に閉じ込められて，地球からは抜け出すことはできない．この例のように，重力で引かれる物体の運動というのは，運動が縮む方向に引き戻される．したがって，宇宙に存在し重力で引き合う大量の物質は，ビッグバンで始まった宇宙の誕生直後は勢いよく飛び散り，爆発の勢いが続くかぎり膨張するものの，やがて勢いは衰えて最後は収縮に転じるはずだ．ところが，パールミュッターらが発見した観測事実というのは，たとえていうならば，黒板消しが床に落ちるどころか，加速して天井を突き破り，宇宙の彼方へと飛んでいってしまうような現象だ．こんなことは「通常」はありえない．しかし，そのありえないことが，宇宙の膨張で実際に起きているという驚くべき発見がなされたのだった．

　通常は重力に引かれて床に落下するはずのものを，加速して天井をぶち抜かせてしまうためには，黒板消しをはじき飛ばすような斥力，すなわち「反重力」のようなものが必要となる．しかし，現代の物理に反重力の概念は存在しない．電磁気力と違って，重力には引力だけしかないから，「常識的」には宇宙の加速的膨張はありえない．注意深い観測の繰り返しと入念な観測データのチェックを経て，宇宙の加速膨張が認められるまで，誰一人として（とくに理論家は）加速膨張を提唱しなかった．提唱されていたのは，やがては収縮する宇宙や，永遠に（同じペースで）膨張する宇宙といった，「常識の範囲内」の理論や模型ばかりだった．じつは「加速度的膨張」の発見ですら，宇宙膨張の減速の兆候を探すべく始まった，ある観測プロジェクトが出発点だった．

　1997から1998年にかけ，オーストラリアとアメリカの天体観測グループは，超新星爆発を利用して，宇宙の膨張が鈍化している最初の証拠を示してや

ろうと互いに競争していた．タイプIa型と呼ばれる，白色矮星と若い伴星からなる二重星系では，白色矮星が伴星からガスを奪い取り，それをエネルギー源にして爆発を起こす．この爆発ピーク時の明るさが，どの星も共通であることがわかったため，宇宙規模の距離測定の「ものさし」として使えることが判明する．見かけの明るさを測ることで，その星までの絶対距離が計算できるというわけだ（図2.24参照）．距離の測定と同時に，星の光のスペクトル分解を行えば，ドップラー効果によってスペクトルは赤方偏移する．さらに，赤方偏移を距離の関数として表現することで，ハッブルの法則により宇宙の膨張速度が計算できる．膨張速度が減少する時間的割合を知ることができれば，宇宙の膨張の減速が証明できる．この原理にもとづいて，2つの観測チームは日夜しのぎを削り，超新星探索とその明るさによる宇宙膨張の研究を行っていた．そうして観測データが集まり解析してみたところ，驚いたことに宇宙の膨張は減速するどころか，加速していたというわけだ．

　2つのグループの観測結果が誤りではないことが確認されると，この現象を説明するためには新しい理論が必要となった．「常識」では説明できないからだ．そこで注目されたのが，かつて宇宙の膨張を止めるために導入された，アインシュタインの「宇宙項」だ．宇宙項のそもそもの役割は，引力である重力の効果を打ち消して，宇宙が永久に不変であるようにすることだ．したがって，「反重力」に似たような効果をもつ．しかし，膨張宇宙がハッブルの観測によって確定するや否や，アインシュタインは宇宙項を「生涯最大の過ち」と言って放棄した．しかし，加速的膨張を可能にするには重力の効果を押しやって，宇宙を「外側に」押し出す作用が必要で，その役割には「宇宙項」が最適のように思える．そこで，近年の研究では，「アインシュタインの最大の誤り」が，「最大の発見」に化けるのではないかと考えられている．もちろん，この研究は始まったばかりで，多くの謎に包まれている．そのため，この「宇宙項」の作用のことを，ダークエネルギー（すなわち暗黒エネルギー）と呼ぶ科学者もいる．「皆目見当もつかない得体のしれないもの」という意味での「暗黒」だと理解すべきだろう．

　加速的膨張の発見によって，宇宙の未来を予想するのは困難となってしまった．暗黒エネルギーが宇宙の未来にどのような影響を与えるのかもまったく

わからない．しかし，ビッグバンから現在にいたるまでの「宇宙の歴史」は，現存する宇宙の姿を調べることで，かなりのことを知ることができる．ましてや，最新型の望遠鏡を使えば，遠い銀河の姿，つまり過去の宇宙の歴史を直接見ることも可能になった（光の速度は有限だから，遠くを見るということは，遠い過去に起きた現象を見ていることにほかならない．少しずつ遠くの天体を見ていけば，そのまま宇宙の歴史になる）．次の章では，過去から現在までの「宇宙の歴史」について見てみることにしよう．

第4章　はじめに光ありき：光る宇宙

　旧約聖書の「創世記」に天地創造についての記述がある．それによると，最初に天と地がつくられたという．宇宙を天界と地上界とに分けるその思想は，かつてのギリシア哲学がコスモスとウラノスに世界を分けたのと似ている（これについては，第2章で議論した）．おもしろいのは，聖書の記述にある神が「光」をつくる場面だ．創世記では昼と夜とがこの光によって分けられたというから，それはきっと太陽のことだろう．

　しかし，現代の宇宙物理学の探求の結果，初期の宇宙に存在したものは「光」だったことがわかっている（よって，現代物理学者的に正しい「創世記」の書き出しとしては，「はじめに光ありき」とするべきだろう）．ここでいう光とは，太陽とか恒星とかではなくて，光そのものだ．この章では，宇宙の構成物として，宇宙の歴史の最初に大きな役割を果たした「光」について見ていくとともに，宇宙の初期の姿について概観してみよう．

4.1　ビッグバンの宇宙へ遡る

　現在はっきりしていることは2つある．物質にあふれた広大な宇宙が目の前にあるということ，そして，その宇宙は膨張しているということだ．ということは，時間を逆回しにすれば，現在の宇宙はどんどん縮んで小さくなるという意味でもある．

　宇宙が縮むといってもピンとこない人は多いだろう．なにしろ，人間にとってみれば，宇宙は無限の広がりをもっているように見えるから，ちょっとくらい宇宙が縮んだってそんなに大事にはいたらないように感じられる．たとえば，私たちの太陽にもっとも近い恒星でも4光年余り離れている．それ

は太陽と地球の距離の30万倍に相当する．この間の空間に恒星は1つもないから，宇宙というものは，ずいぶん「すかすか」なものだと思う人が多いだろう．今から数えて1万年ばかり時間を逆回しにして宇宙を縮ませたとしても，地球にはなんの影響もないように思える．実際，宇宙が狭くて困ったという記述は世界のどの古文書や歴史書にも見当たらない．

　それでも，さすがに何十億年も以前の宇宙に遡れば話は変わってくる．宇宙がぐんぐん小さくなれば，星と星の間隔はずいぶん狭くなるだろう．やがて星同士は接し合い，融合しないと宇宙のなかに収めきれなくなる．さらに時間を遡れば，銀河同士が接しあい，融合しなくてはならない．こんな調子で気が遠くなるような長い時間を遡りながら，宇宙が収縮していく様子を眺めていると，きっと大変な状態にあなたは陥るだろう．たとえば，宇宙がバレーボールの大きさにまで縮んでしまったしよう．このなかに，宇宙がすっぽり入るという意味を考えてほしい．最初に問題となるのは，あなたの自転車をどうやってこのバレーボールのなかに詰め込むかだ．できるかぎり部品はバラバラに分解し，タイヤは切り刻み，ハンドルは糸鋸で切断してしまわないと，なかなかしまいきれない．汗だくになって，ようやく自転車をしまい込むことに成功したとしても，次に待っているのは実家にある自家用車（白のセダン？）だ．鉄屑となったあなたの自転車がぎゅうぎゅうに詰め込まれたバレーボールを両手に持ちながら実家に戻ったあなたは，大きな自動車を呆然と見つめて，「絶対無理...」と一言こぼす以外なにができるだろうか．しかも，話はこれで終わらない．日本人全員と富士山を詰め込まなくてはならない．さらに，北海道も，九州も，四国も，本州も，沖縄も....ありとあらゆる日本に存在するものを詰め込む必要がある．当然ながら，地球には日本のみならず，アメリカも，アジアも，ヨーロッパも，アフリカも，南極大陸もあるから，これも全部詰め込まないといけない．仮にそれがうまくいったとしても，悲しいかな，これで十分とはとてもいえない．今度は，地球だけではなく，太陽系のすべての惑星，銀河系のすべての星々，そして近隣の銀河系など，宇宙にあるすべてのものをバレーボールの大きさの宇宙に詰め込まなくてはならない．しかも，時間をもっと遡れば，宇宙はさらに縮んでいく．ピンポン球，パチンコ玉，ボールペンのペン先の球......小さくなるたびに，宇宙のすべてを詰め込むのは困難となる．

この状況は，海外旅行でお土産を買いすぎて，すべての荷物が入りきらなくなったトランクに似ている．しかも，そのトランクは時間が経つとどんどん縮んでくるときている．はっきりいって絶望的だ．

このような連想を頭のなかでしながら，宇宙の大きさがかぎりなくゼロに近づく瞬間まで時間を遡れば，ビッグバン直後の宇宙の姿が想像できる．明らかに，ちょっとやそっとの圧縮をかけた程度では，宇宙全体をこのような極小の空間に詰め込むことは不可能だ．電子より小さな世界に，世界や宇宙のすべてを押しつぶしてしまい込まなくてはならないからだ．現在身の回りにあるような形のまま，宇宙中のすべての物質を，このような極小領域に押し込むことは不可能だ．今あるすべてのものが1点に押しつぶされ，閉じ込められた状態，それは想像を絶するほどの高密度かつ高温の世界にちがいない．それを可能にしてくれるのは「光」だけだ．宇宙の始まりは大爆発であり，火の玉ならぬ「光の玉」としてその一生が始まった．宇宙は初め光で満ちていたと考えるのが自然だろう．

物理学者や天文学者が考えるビッグバン直後の宇宙の姿は，このように高エネルギーの光で満ちた世界だった．しかし，現在私たちの目の前にある宇宙は，そのような「光の宇宙」ではなく，「物質」にあふれた世界だ．初期の「光る宇宙」から，どうやって物質にあふれた現在の宇宙へと宇宙は「進化」してきたのだろうか？ しかし，その答えを探る前に，初期の宇宙を満たしていた「光」の正体について詳しく見ておく必要があろう．光とはいったいなんなのか？

4.2 光とは何か？：現象論のところまで

光とは何か？ この問いは，じつは17世紀から20世紀にいたるまで，繰り返し物理学者の間で議論され，解決され，そしてその解決が否定されて，次の解決がもたらされる，というプロセスの繰り返しをたどった．この繰り返しは，ある意味「振動」であって，2つの異なる解釈の間を，数百年の間，行ったり来たりしたのである．その2つの解釈とは，「波」と「粒子」である．

光の研究はレンズの研究に端を発し，最初は光線をいかに集めるかという技

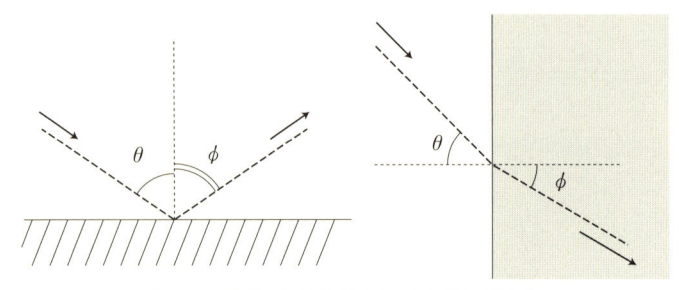

図 4.1: 光線の反射（左図）と屈折（右図）

術的な問題にすぎなかった．その応用として，眼鏡や天体望遠鏡などが発明された．

　古代ギリシアの自然哲学者たちは，光の正体について哲学的な考察をしていたかもしれない．少なくとも反射の法則は随分古くから知られていた．反射の法則とは，鏡のような滑らかな面で光線が反射するとき，入射角と反射角が等しいという光の性質だ．数式で表せば，

$$\theta(入射角) = \phi(反射角) \tag{4.1}$$

と簡潔に表される（角度の定義については，図 4.1 参照）．もう一つ知られていた性質が光の屈折だ．これは，種類の違う 2 つの媒質間を光が通り抜けるときに，入射角に対して屈折する方向が変わるという現象だ．たとえば，空気中から水中に光が突入するとき，光線の進行方向の角度が変化する．古代ギリシアでは，この屈折の法則を数式で表すことができなかった．三角関数を必要とするこの屈折の法則は，17 世紀にオランダのスネル (Willebrord Snell, 1580-1626) によって発見された．スネルの法則には正弦（サイン）が必要で，

$$\frac{\sin\theta(入射角)}{\sin\phi(屈折角)} = 媒質物質によって決まる定数 \tag{4.2}$$

と表される（角度の定義については，図 4.1 参照）．

　これらの法則（とくに屈折の法則）がどうして成り立つのか，という問いに対して，フランスの数学者フェルマー (Pierre de Fermat, 1607-1665) が「最小時間の原理」という考え方で説明することに成功した．この原理に関して

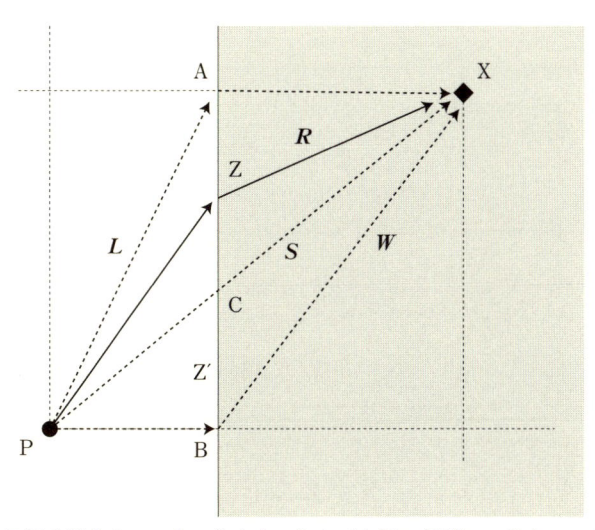

第 4 章　はじめに光ありき：光る宇宙　　　　　　　　　　　　　95

図 4.2: 最短時間救出ルートの決め方：海上（右側の領域）の地点 X で子どもが溺れている．浜辺（左側の領域）の地点 P にレスキュー隊員がいる．最短時間で，レスキュー隊員が子供を助けるためにはどのルートを選択するべきか？ S は最短距離 (直線ルート)，L は泳ぐ距離が最短 ($\overline{\mathrm{PAX}}$)，W は走る距離が最短 ($\overline{\mathrm{PBX}}$) となるルート．

は，アメリカの理論物理学者ファインマン (Richard P. Feynman, 1918-1988) がわかりやすい説明を与えているので，ここで紹介しておこう．

　図 4.2 を見てもらいたい．海上の地点 X で子どもが溺れて助けを求めているとする．また，浜辺の地点 P にレスキュー隊員がいるとしよう．最短時間で子どもを助け出すには，レスキュー隊員はどんなルートを取るべきか考えてみる．まず，ルート S，つまり直線ルートを考えよう．明らかに，これは最短距離だから，通常はこれが最短時間の救出ルートとなるだろう．しかし，このレスキュー隊員は泳ぐのがひどく苦手だと仮定してみよう．そうすると，直線ルートは明らかに不利となる．なぜなら，泳ぐ距離が長くなっているからだ．では，泳ぐ距離を最短にできるルート L はどうだろうか？　このルートの場合，レスキュー隊員は波打ち際の地点 A を目指して走り，そこから X 目指して泳ぐことになる．しかし，いくら泳ぎが苦手だといっても，このルートでは全体の距離が長くなってしまい時間がかかる．そこで，A から C に向けて入水ポイントをずらせば，泳ぐ距離は若干増えるが，全体の距離をなるべく

短くできるような地点 Z が見つかるはずだ．Z の位置を最適化することで，X まで最短時間でいけるようになるだろう（逆に，走るのが遅い人は C と B の間に最適地点 Z' があるはずだ）．

つまり，環境ごとに移動速度が変わる状況では，直線ではなく，折れ曲がった線上を移動するのが「最短時間」の経路となる．光の屈折現象も同じようにして説明できる．すなわち，光の速度は空気中より水中の方が遅くなるため，最小時間の原理に従って屈折するのである．

このように，光の進み方といった「性質」についての研究は，光そのものの正体についての研究とは別に進められた．前者のタイプの研究は「現象論」と呼ばれる．これは新しい現象が見つかったときに最初に採られる方法論だ．そこでは，どのような現象か解明する点に力が注がれるが，その原因や本質については考えない．たとえば，数学の試験において，公式の意味はわからないが，これを使ってみたらなんだか知らないうちにうまくいっちゃった，という感じに近い．現象論の研究がだんだん深まってくると，原理や現象の本質を探求する段階へと研究は移行していく．科学の研究でもっとも大事なのはこのステップだ．現象論を抜け出し，光の本質を探る研究が始まったのは 17 世紀のことだ．

4.3 ニュートンの光学研究：プリズムによる光のスペクトル分解

光の本質について，科学的な研究を最初に行ったのは，英国のニュートンだ．ニュートンは，ケプラーの法則を説明した重力理論のところでも登場した（第 2 章参照）．ニュートンは，その他にも微分積分の発明等，自然科学に多大な貢献を残していて，100 年に一度の天才といわれる．

ニュートンがケンブリッジ大学で学位をとった直後の 1665 年，イギリスはペストの大流行に見舞われる．大学は一時的に閉鎖され，ニュートンはロンドンから遠く離れた故郷の北イングランドに避難する．1666 年にはロンドンの街を焼き尽くした「ロンドン大火」が起きるなど，社会不安が立て続けに発生し，ニュートンは 2 年ほど田舎に閉じこもって研究に没頭していた．このとき，重力理論，光学理論，微分積分など，多くの偉大な研究が成された

図 4.3: プリズムと，プリズムによる太陽光のスペクトル分解．（筆者撮影）

（おもしろいことに，ニュートンの重力理論を書き換えた，次の世代の天才アインシュタインも，相対性理論，原子の運動理論，そして光電効果に関する3つの偉大な論文を 1905 年に集中して発表している．新しい時代が訪れるときというのは，こういうものなのかもしれない）．ニュートンは，1687 年に刊行した「プリンキピア (Philosophiae naturalis principia mathematica)」で，ケプラーの法則を証明し，重力理論および古典力学の基礎を完成させた．その名声はヨーロッパ中に響き渡り，17 世紀から 18 世紀にかけて自然哲学の最高峰として君臨した．

ニュートンの3つの偉大な業績の1つ，光学の研究において，ニュートンはプリズムと呼ばれるガラス製の三角柱を用いて，太陽光線は7色に分解できることを発見した（図 4.3 参照）．これは，光の屈折を利用したもので，色によって屈折率が異なるという光の性質を利用している．色の異なる光は，異

なる角度に屈折するので，白い光線は7色の帯へと広がり，分解される．このとき，赤い光は曲がりにくく，逆に青い光は曲がりやすい性質がある．このため，プリズムを通過した白色光（太陽光）は，赤，オレンジ，黄色，緑，青，紫の順番に帯状に広がる（図3.3参照）．この光の帯をスペクトルと呼ぶ．ニュートンは分解した光を，さらにプリズムに通過させてみたが，それ以上分解することはできなかった．そこで，分解されたさまざまな色の光が，「基本の光」であって，それらが混じり合ったのが太陽の光であると説明した（この発見を踏まえれば，創世記の書き出しは，「最初に七色の光ありき」とするべきだっただろう）．

また，この研究結果を応用すると，虹の本質が解明できる．プリズムの代わりに雨粒を用いて太陽光をスペクトル分解すれば，虹の7色が現れる．この説明を最初に与えたのがニュートンである．

4.4 光は波か，それとも粒子か？

ニュートンは，スペクトル分解されて現れた，光の「基本成分」の正体を，「粒子」だと説明した．つまり，赤い光の粒子，青い光の粒子などなど，7色の光の粒子が混じり合うと白色の光になる，と考えた．その一番の理由は，光の直進性にある．光は，障害物によって反射や屈折さえしなければ，基本的には真っすぐ進む．慣性の法則によって，自由に運動する粒子は等速で直進運動することを証明したのはニュートン本人だ（発見したのはガリレオ）．そのため，ニュートンは光を粒子だと考えたのだろう．

1690年に，オランダのホイヘンス (Christiaan Huygens, 1629-1695) は「光の理論 (Traite de la lumiere)」を発表し，光は波動だと説明した．光を粒子と考えるニュートンの光学理論は，すでに述べたように彼が20代だった1665年頃にすでに完成していたが，その成果は発表されずにいた．大陸で自分と違うアイデアが発表されたことに触発されてか，1704年になってニュートンは「光学 (Opticks)」という本を出版する．還暦を越えてから，若い頃に考えたことをわざわざ発表したことになる．

ニュートンの光粒子説はホイヘンスの波動理論よりも15年ほど遅れて公表

されたにもかかわらず，人々はニュートンの光粒子説を，「より正しいもの」と受け取った．1687年のプリンキピアの刊行により，ニュートンの名声はすでに確固たるものとなっていた．かつてアリストテレス学派の権威により，長い間天動説が「正しい」と思われてしまったように，ニュートンの言葉は新しい権威としてヨーロッパの科学思想を支配し始めていた．一方のホイヘンス自身も，ニュートンの説がまちがっており，自説の波動論が正しいことを証明することはできなかった．科学的な証明のないまま，光の本質は，（粒子説に偏りつつも）波動説と粒子説の双方の主張が平行線をたどり続けることとなる．光が波動であることの証明がもたらされたのは，実験技術が向上した100年近く後の19世紀のことで，それまで「真理」はニュートンの権威の下，歴史のなかに埋もれることとなった．

4.5 粒子と波動の物理的な違い：干渉の有無

ここで，粒子と波動の違いについてはっきりさせておこう．粒子については説明するまでもないだろう．粒子の運動は，小さな粒状の物体そのものが空間を移動していくことで成立する．しかし，波の運動はこれとは少し異なる．まず，空間を埋め尽くす「媒質」が必要になる．たとえば，水とか空気とかいったものだ．海の波では，水が振動することで波が伝わる．音声は，空気の振動が波となって伝わる現象だ．このとき，波自体が運動して前進しているように見えるが，実際には水や空気といった媒質が，同じ場所で上下あるいは左右に振動しているにすぎない．振動の仕方が場所によって少しずつ異なるため，一見して波が「進んでいる」ように見えるのである．たとえば，新幹線の電光掲示板を思い浮かべてみよう．ニュース速報が流れると，文字の列が右から左に運動してくるように見える．しかし，よく観察すると，たくさんある電球（あるいは発光ダイオード）が，異なる場所でチカチカ点滅しているだけのことだ．実際に動いているものは何もない．文字の形の情報，つまり「パターン」が動いているように見えるだけなのだ．もう1つの例は，スタジアムの観客がつくる「ウェーブ」である．これは，サッカーのワールドカップや，オリンピックの陸上競技を観戦する客たちが，協力して客席から立ち上がっては座る

動作を次々と繰り返すだけのことである．観客自身はその席から動いたりはしない．ただ，立って座るという「振動」を，その場で行うだけだ．しかし，隣の席に座る客の動きに対して，微妙に振動のタイミングを変えると，あたかも大きな波がスタジアムを突き進んでいるような状態をつくることができる．これが，波の本質だ．

ニュートンの「光粒子説」では，光の粒子は真空中を直進する．一方，ホイヘンスの「光波動説」では，真空中を満たす媒質が振動することで波が生じ，それが光であると解釈する．これらのイメージに基づけば，光についての2つの説は随分違う「もの」同士の対立に思える．そこで，波にしか生じない現象，あるいは粒子でしか考えられない現象が，光の性質として見つかれば，この論争には決着がつくと考えられた．

その1つが，波の干渉現象である．2つの波は干渉するが，2つの粒子は干渉できない．したがって，干渉が光に現れれば，光は波だということになる．この実験を行ったのが，イギリスのヤング (Thomas Young, 1773-1829) だ．粒子-波動の論争が始まって，100年以上も後のことだ．

1つの問題を科学的に解決するのは，たいていの場合とても時間がかかる．それは，自然の原理を人間の思い通りにねじ曲げることができないからで，人間の想像力ではなく，実証や観察によって，慎重にかつ辛抱強く，絡まった謎の糸を解き解いていかなくてはならないからだ．

ヤングの干渉実験について説明する前に，干渉とは何か簡単に説明しておこう．ある長閑な春の日に，小川に架かる橋の袂に降り立って，水面に反射してキラキラ光る陽光を想像してみよう（あるいは，神保町あたりを流れる日本橋川の水面に，昼下がりの陽光が反射して，俎橋の袂に当たっている様子でもよいだろう）．陽光は橋を支える太い柱に光のスポットをつくっている．その形を観察すると，水面の動きに従ってゆらゆらと揺れ動いているのに気づくだろう．さらによく見ると，光が重なって明るく模様になっている部分と，暗い影が模様をなす部分とが混ざって同時に存在しているのがわかる（図4.4参照）．これは，光の干渉の結果できた模様だ．

波というのは，山の部分と谷の部分の繰り返しからなる．そして，2つの波の山と山が重なると，2倍の高さの山をもった波となる．同様に谷と谷が重な

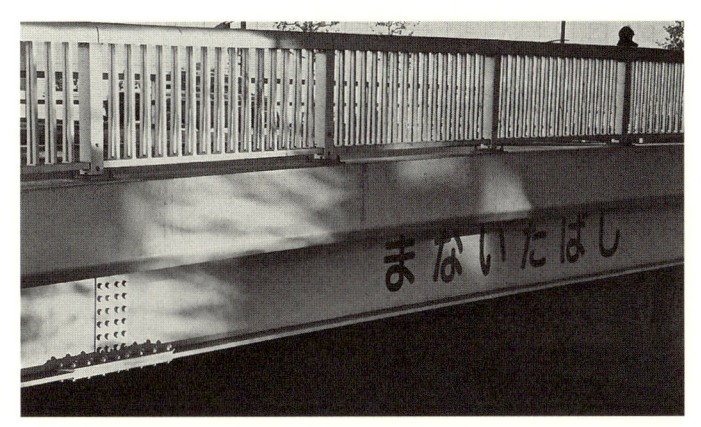

図 4.4: 日本橋川の水面に反射した光が俎橋につくる干渉模様.（筆者撮影）

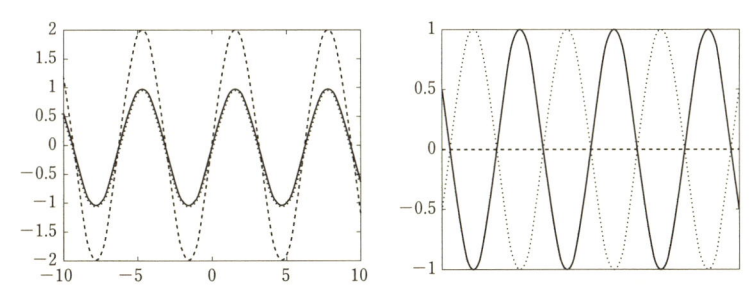

図 4.5: 干渉の例. 実線と点線の波が干渉前の波で，破線が干渉後の合成された波に相当. 干渉は 2 つの波が重なったときに起きる. 位相のそろった（つまり山と山の位置が一致した）波同士が干渉すると強め合う（左図）. 一方，位相が完全にずれた（つまり山の位置に谷がくる）波同士が干渉すると，打ち消し合って波が消えてしまう (右図).

ると，2 倍の深さの波となる. 波の高さ（深さ）のことを，物理学では振幅と呼ぶ. 波の光度は振幅の 2 乗で決まるので，山と山，谷と谷が重なった場所は，強め合って同じように明るくなる (図 4.5 を参照). つまり，橋に映った影の模様の明るい部分は，水面のいろいろな場所で反射された光が重なり合い，強め合って光度が上がった箇所である. その場所は波の形が変わるごとに変化するので，ゆらゆら揺れ動いているように見えたのだ. 一方，暗く見えるところは，山と谷が重なった場所で，光の強さが打ち消し合った場所に相当す

る．ここは振幅が0になるので，光度も0，すなわち暗くなってしまう．

このように，振動する波であるからこそ，2つの波が重なったときに，強め合ったり，打ち消し合ったりして，光度に斑が生じる（図4.6参照）．これが波の干渉という現象だ．2つの粒子が衝突しても干渉が起きないことは容易に想像できるだろう．干渉は波動に特有の現象だ．

4.6 ヤングの干渉実験

ニュートンらの粒子説とホイヘンスらの波動説の論争が始まって1世紀が過ぎた19世紀の初め，ニュートンの「光粒子説」を否定し，ホイヘンスの「光波動説」を肯定する実験が行われた．英国のヤングによる二重スリットを使った干渉実験だ．

実験の概略を以下に述べよう．まず，薄い剃刀で紙にスリットを切り，太陽光を「絞る」．その理由は，光の成分を1つに絞って「純化」するためだ（同様な手続きはスペクトルの実験のときも行われたのを思い出そう）．このとき，単一成分の光にするためには，スリットの幅は0.1mm以下にする必要がある．細い切れ目がつくれないとこの実験はうまくいかない．次に，同じように作った細いスリットを2つ並べたものを用意する．このとき，スリットとスリットの間隔は1mm以下にする必要がある．最後に，最初のスリットで絞った光線を二重スリットに照射して，干渉縞が出るかどうか確認する．

このように，実験自体はとても簡単だが，細かい工作ができないと二重スリット実験は失敗する．言い換えれば，この実験を成功させるには，光が波だという，かなり強い信念が必要だ．さもなければ，途中で実験をあきらめてしまうだろう．おそらく，これがニュートンの光粒子説から100年もの間，この実験が成功しなかった大きな理由だと思われる．ニュートンと同じ英国で生まれ育ったヤングが，どうしてそこまで光波動説に執着できたのだろうか？

ところで，現代では，「純粋」な成分をもった光はレーザー光によって実現できるので，ヤングの実験における最初のスリットは必ずしも必要ではなく，ヤングの実験と等価な実験は，レーザーポインターなどを使って案外簡単に成功させることができる（図4.6参照）．また，現代では，幅の狭い二重スリ

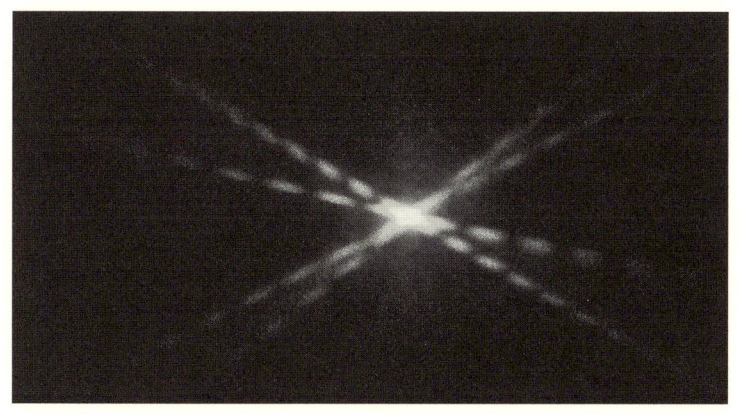

図 4.6: 髪の毛による，レーザー光の干渉模様．もともとは 1 本のレーザー光だったのが，髪の毛の左と右に回折する．分離したレーザー光は，髪の毛を過ぎたところで干渉する．位相が強め合う場所は明るく，打ち消し合う所は暗くなる．そのため，レーザー光は回折して広がり，斑模様を形成する．（筆者撮影）

ットを作成することはそれほど難しくないが，じつは髪の毛を代用品として使うことができる．髪の毛の太さは，市販のレーザーポイントの回折には丁度よく，干渉させやすい．ヤングの実験で大事な点は，絞った単一成分の光を 2 つに「分ける」ことにあるから，髪の毛の右と左にレーザー光を分離することさえできれば，干渉実験はうまくいくのだ．

　ホイヘンスの光波動説に，どうしてこれほどヤングはこだわることができたのか，その理由を探ってみよう．まず注目すべきなのは，ヤングは，レオナルドダビンチのような多才な人間だったという点だ．彼の本業は医者で，ロンドンの中心部に住むお金持ちだった．医者の仕事の傍ら，ロンドンの王立科学研究所 (The Royal Institution of Great Britain) や王立協会 (The Royal Society of London) など，著名な自然科学学会や団体の一員としても活躍した．医学や薬学の研究は当然のこと，弾性体や光の三原色といった物理学研究でも，すばらしい業績を上げた．さらには「エネルギー (energy)」という言葉はヤングが発案したものだ．科学のみならず，言語の研究にも秀でていた．少年期にギリシア語とラテン語をマスターし，大学に進む頃にはフランス語，ドイツ語，イタリア語，アラビア語など 11 カ国語に習熟していたという．まずはロ

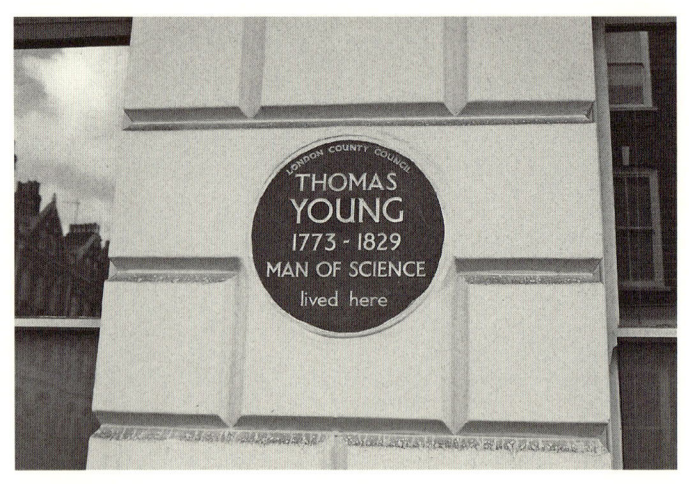

図 4.7: ヤングの暮らした家に刻まれた記念プレート．ロンドンの Welbeck 通りにある．筆者撮影．

ンドンで医学生として学び，その後，語学の才を生かしてドイツの大学へ留学した．物理の博士号はそこで習得している．留学後はケンブリッジ大学に入り，卒業した後はロンドンで医者となった（図 4.7 参照）．つまり，ヤングは英国だけでなく，ヨーロッパ大陸でも学んだ．とくに，物理学の知識は大陸で習得したのだった．このような生い立ちは，ニュートンの説に偏ることなく，ホイヘンスの理論も平等に考察できる冷静さをもたらしたのかもしれない．

　ヤングの多才さを示す特に有名な業績として，ロゼッタストーンの解読が挙げられる（図 4.8 参照）．ロゼッタストーンとは，1799 年にエジプトの港町ロゼッタで発見された古代エジプト文明の石碑のことだ．ピラミッドやスフィンクスだけでなく，エジプトに残る無数の遺跡には鷹や黄金虫などの絵が無数に刻まれている．また，パピルスと呼ばれる紙に記された，古代エジプト文明の文献が伝わっている．ここにも，動物や植物，あるいは幾何学的な模様が描かれている．これらの絵や記号は象形文字であり，ヒエログリフ（古代エジプト神聖文字）と呼ばれる（図 4.9 参照）．数多の文明の光芒の末に，ヒエログリフの読み方は歴史の片隅に忘れ去られてしまった．中世になって，ヨーロッパの学者たちがその解読に挑んだが，いずれも失敗に終わった．

第 4 章　はじめに光ありき：光る宇宙　　　　　　　　　　　　　　105

図 4.8: ロゼッタストーン．大英博物館にて筆者撮影．

　ロゼッタストーンの発見が大発見となった理由は，その碑文が，ヒエログリフ，古代エジプト民衆文字（図 4.10 参照），そして古代ギリシア語の 3 種類の言語で書かれていた点にある．古代ギリシア語は現代まで途切れることなく伝わっている．したがって，そこを突破口にして，ヒエログリフが再び解読できるようになると期待された．予想通り，古代ギリシア語の解読はあっさりなされたが，そこからが大変だった．あるものは，ギリシア語，民衆文字，ヒエログリフが異なる内容を伝えているのではないかと疑い始め，単純な比較だけでは解読はできないだろうと言い始めた．問題は，ギリシア語はアルファベットの原点となったギリシア文字，すなわち表音文字よりなるが，ヒエログリフは象形文字だという点にある．象形文字の色彩を強く残す漢字のシステムについての講義をしてもらうため，中国の学者がヨーロッパに招待されたりもしたが，成果はあがらなかった．ヨーロッパ人が，古代エジプトの象形文字を理

図 4.9: ヒエログリフ．ロゼッタストーンを拡大したもの．大英博物館にて筆者撮影．

解するのは困難を極めた．そこで，表音文字によく似ているように見える民衆文字の解読に希望が託された．直接ギリシア語とヒエログリフを比較するよりは，民衆文字とヒエログリフの方が類似点は大きいはずだと思われたからだ．

　字の形や単語のパターン，使われる頻度などから，ギリシア語と民衆文字の間の類似点が発見された．これにより民衆文字はアルファベットと同じ表音文字だという認識が広まった．ところが，約半分の判読に成功したところで行き詰まってしまった．民衆文字に使われる文字のすべてが発音文字だと思い込んでしまったからだ．実際は，残り半分の文字はヒエログリフから派生した表意文字，すなわち象形文字だったのだ（漢字を崩してつくった仮名と多少似た点があるかもしれない）．

　表意文字といっても，象形文字に起源がない単語は，その発音で表す以外にない．たとえば，中国語ではコカコーラは「可口可楽」と表す（かなりうまい当字をしたものだ）．このように，固有名詞や地名，とくに外来のものを表す必要があるとき，表意文字も表音文字として（あるいは表音文字風の使い方を）使用しなくてはならない．たとえば，ロゼッタストーンのギリシア語と民衆文字の文章には，「プトレマイオス」というギリシア人風の名前があった．

図 4.10: 古代エジプトの民衆文字．ロゼッタストーンを拡大したもの．大英博物館にて筆者撮影．

ヒエログリフにも必ずこの名前があるはずで，その部分では象形文字を発音だけのために使っているだろうと考えられた．「可口可楽」のように．この重要なポイントをフランスの語学研究者から伝え聞き，その作業を実行したのがヤングだった．前述のプトレマイオスなどの外来の固有名詞を手がかりに，ヒエログリフと民衆文字の対応表をつくることに成功する．さらに，この作業の途中で，対応するヒエログリフと民衆文字の形が似ていることにヤングは気がついた．つまり，民衆文字には「象形文字の崩し」が含まれていたのだった．こうして，ヒエログリフにもアルファベットのような使い方をする「表音象形文字」が含まれることが認識され，解読研究に大きな進展がもたらされた．

　残念ながら最終的な解読にはヤングは成功しなかった．その名誉はフランスのシャンポリオン (Jean-Francois Champollion, 1790-1832) に与えられた．シャンポリオンに外来語の固有名詞から解読を始める手法を教えたのは，ヤングだったといわれる．また，シャンポリオンがヒエログリフの解読に成功したと聞いて，ヤングは（妬むことなく）賛辞を送ったという．

ヤングの博識と経験の広さ，そして習得したさまざまな言語とその文化的背景は，ヤングの成功の礎となっている．これは現代の概念でいうと「教養の広さ」と表現されるだろう．偏見をもたず，権威に媚びず，論理と真理の探求の精神に従って前に進むことは意外と難しい．ヤングの生き方は，われわれにとってよい模範となるだろう．

　さて，19世紀初頭に行われた，ヤングの二重スリットの実験により，光は干渉することが実証され，ホイヘンスによって提唱された光の波動理論が復活する．1807年，ヤングは光の波動論に関する一連の研究を論文として発表する．ニュートンの考えていたような光の粒子は存在せず，光は波動だったのだ．

　しかし，波動であるということは，波動を伝える媒質があるはずだが，ヤングの実験ではそれが解明されていない．他の波動の例を考えれば，音波を伝える空気，海の荒波を伝える水，地震波を伝える大地．どの波をとっても必ず媒質がある．星の光ははるか何光年もの彼方から宇宙を越えて地球までやってくることができるから，媒質を必要としないように思える．しかしそれでは光は粒子となり，干渉しないはずだ．まだ知られていない，未知のものが光の媒質となっているはずだ．光を真空中や宇宙空間で波として伝える媒質とはいったい何なのだろうか？　この答えは，意外な方面からもたらされた．それは電気と磁石の研究だった．

4.7　光波を伝える媒質：電磁場の発見

　電気と磁気の存在を，古代ギリシア人はすでに知っていた．しかし，それは別々の現象として認知されていた．今でも私たちの実感として，夏の闇夜を切り裂く稲光と，鉄釘を引き付ける磁石とが，同じ物理現象から由来しているとは思えない．電気と磁気の現象が，「電磁気」として統一されたのは19世紀になってからだ．

　最初に電気と磁気の関連性に気づいたのが，デンマークのエルステッド (Hans Christian Oersted, 1777-1851) だった．1820年，電流が流れる導線に方位磁石を近づけると，その針が振れることを発見した．この現象をさらに追

究し，電磁誘導の法則を発見したのが，英国のファラデー (Micheal Faraday, 1791-1867) だ．

電磁誘導の法則というのは，磁石を使って電気をつくる法則のことだ．たとえば，棒磁石と導線を用意する．導線を曲げて輪をつくり，そこに電球をつなぐ．当然この状態では電球は光らない．次に，導線の輪のなかに磁石を入れたり出したりする．すると，出し入れのスピードに応じて電球が明るく光り出す．つまり，磁石を動かして電気をつくったということだ．これと同じ仕組みが，たとえば，自転車のランプ（ダイナモ）に使われている．自転車の車輪の回転を使って磁石を動かし，電流を誘導してライトを光らせる仕組みだ．これは要するに発電にほかならない．すなわち，電磁誘導の法則は，発電の原理と言い換えることもできる．

水力発電では，滝やダムの放水のように，水が重力によって落下するときのエネルギーを使って水車を回し，そこに取り付けられた磁石を導線にくぐらせることで電気をつくる．一方，火力発電所や原子力発電では，お湯を湧かし，その蒸気の勢いを利用して風車（タービン）を回している．タービンには磁石が取り付けられており，水車の場合と同じように導線をくぐらせて発電している．風力発電の場合は説明は不要だろう．ところで，太陽光発電は少し違うやり方で発電している．電磁誘導ではなく，光電効果という現象だ．光電効果については後で説明するが，量子力学という20世紀に発見された物理学によって説明される．

発電の仕組みの基礎となった電磁誘導を発見したファラデーは，卓越した発想力を持ち，高い実験技術を駆使して新しい現象をいろいろと発見した．その直感のすばらしさは天賦の才だろう．しかし，彼の弱点は数学を使った理論の構築だった．これには理由がある．ファラデーは，ロンドンの労働者階級の出身で，14歳の頃より印刷工の見習いとして働き始めた．したがって，高等教育はまったく受けていない．工場の印刷物を書き写しながら，独学で科学の知識を習得した．しかしながら，この方法では高度な数学を習得することはなかなか難しい．というのは，数学を身につけるためには，幼少の頃より系統的な勉強が必要となるからだ．どのように勉強を進めるべきかアドバイスを与えてくれる良い指導者も必要だ．ファラデーが裕福な家庭に生まれていれば，当然

優れた理論家となったかもしれないが，逆に見れば，彼の境遇は優れた実験家になるための天恵だったということもできるだろう．

ファラデーの卓越した発想力から生まれた物理の概念に，「場」というものがある．これは，電磁気力の本質を理解しようと考えた末に出てきた概念だ．ニュートンは重力の性質については解明できたが，その本質については何1つとして成果をあげることはできなかった（それは，20世紀になってアインシュタインによって成し遂げられた）．力というのは目には見えないから，どんなふうに伝わるのかはわからない．あるものは，気功師や魔法使いが手で触れずに遠方のものを動かすようなイメージをもった．これを遠隔作用という．一方，目には見えなくても，力が働く点から力の作用する点まで，「何か」がつながって力を伝えるはずだと考えるものもいた．これは近接作用という．ニュートンは重力は近接作用だろうと考えたらしいが，力を伝えるものが何か突き止めることができなかったし，想像することもできなかった．ニュートンが重力に対してそう考えたように，ファラデーも電磁気力は近接作用の1つだと考えた．しかし，ニュートンとは対照的に，力を伝える「何か」のイメージとして，目に見えないゴムのような弾性体を考えた．彼はこれを「場」と呼んだ（電磁気力を伝える場なので，電磁場といってもよい）．この卓越した発想力のお陰で，20世紀の素粒子理論は多いに発展することになる（場の理論）．しかし，ファラデーは場の概念を理論的に定式化することができなかった．ベクトル解析やテンソル理論といった数学を知らなかったためだ．

電磁場の数理的な表現を実現したのは，スコットランドのマクスウェル (James Clark Maxwell, 1831-1879) だった．ファラデーと違って，裕福な家庭に生まれた彼は，幼少の頃より学問の才能に頭角を表し，それを知った両親は十分な教育をマクスウェルに与えた．16歳で，スコットランドの名門エディンバラ大学に入学し，その後はケンブリッジ大学のトリニティカレッジで学んだ．トリニティはニュートンのいたカレッジで，理論物理が伝統的に強い．最近では，ブラックホールの理論で有名な車椅子の物理学者ホーキング (Stephen Hawking, 1942-) がいる．

カレッジというのは，ケンブリッジとオックスフォード特有のシステムで，大学内の派閥，あるいは学派のようなものだ．たとえば，ケンブリッジ大学に

入学しても，トリニティカレッジで学んだのか，それともセントジョーンズカレッジで学んだのかによって，教育の内容は大きく異なる．ちなみに，この2つのカレッジの敷地はケンブリッジの街のなかでもすぐ隣にある．ハリー・ポッターに出てくるような長机が伸びる，セントジョーンズの学生食堂の窓のすぐ向こうには，トリニティカレッジのニュートン像があり，「ニュートンが睨みを効かせていつもこっちを覗いている」と，（冗談めいた）文句をいうほど近い．このように，オックスフォードとケンブリッジのカレッジというのは駒場と本郷，あるいは生田と神田のような，同じ大学のキャンパスの場所の違いによるものとはちょっと違う．

マクスウェルは，高級数学を駆使してファラデーの電磁場を数学的に研究し，マクスウェル方程式と呼ばれる4つのベクトル微分方程式として表現することに成功した．1864年，この研究成果はロンドンの王立協会で発表された．マクスウェル方程式の1つをみると，磁場（磁気に関する場）の時間変化によって，電場（電気に関する場）が生じることが示されている．平たくいえば，磁石を動かして電気をつくることができる，ということだ．これは，ファラデーの電磁誘導の法則にほかならない．このように，マクスウェルの方程式は，電磁気学の現象のすべてを説明できる基本方程式であり，電磁気学研究の最高到達地点といえる．

4つの微分方程式からなるオリジナルのマクスウェル方程式は，磁場と電場が絡み合う形で表されているが，数学の技巧を使って，電場だけの方程式，あるいは磁場だけの方程式に書き換えることができる．その結果得られる方程式は，波動方程式とまったく同じ形になることにマクスウェルは気がついた．波動方程式とは，波の伝搬を記述する偏微分方程式のことで，その方程式のなかに波の移動速度が現れる．マクスウェル方程式を変形して得られた，電磁場の波動方程式．そこに現れた「波の速度」を計算してみると，それは光速とぴったり一致した．この結果は，電磁場を媒質にして伝わる波は「光速」で伝わるということを意味した．すなわち，電磁場こそが光の媒質だということだ．

こうして，光波を伝える，目に見えない媒質の正体が電磁場であることが，19世紀の中頃についに明らかとなった．光が波動であることが完全に証明されたのだった．

4.8 光の速さ

17世紀，ガリレオは光の速さを測定しようとしたが，あまりにも速すぎて，測定することができなかった．このときの測定原理は簡単で，ある距離だけ離れた2点間の1点より光を発射し，もう一方の点に光が到達するまでの時間を測るというものだ．現代の小学生が亀やうさぎの走る速度を割り出すように，「速さ＝距離÷時間」の公式を用いて，光速を測定しようと考えた．しかし，あまりにも光の速さが速すぎて，17世紀の時計では光の航行時間を測定することができなかった．

光速が正しく測られたのは19世紀に入ってからだ．1849年，フランスのフィゾー (Armand Fizeau, 1819-1896) は，回転する歯車をすり抜けて向こう側の鏡に到達した光が，反射して再び回転する歯車をすり抜けて戻ってくる条件（タイミング）を実験的に調べた．この条件をうまく利用することで，光速を測定することに成功した．光が鏡で反射して戻るタイミングで歯車が回れば，歯車の歯の部分に光の点が見える．しかし，タイミングが合わなければ，歯車の歯先の影には光の点は映らない．光速がこのようにして初めて正確に測られたのは，マクスウェルの理論が発表されるわずか15年ほど前のことだ．

マクスウェルの理論が，光の波動理論と等価であるという理解は，ひとえに光速が正しく測定されていたためだ．これなくしては，光の本質の理解はなしえなかっただろう．それだけ，電磁気の物理は，光の物理とは違うもののように見えたということだ．自分の方程式から，光速が現れたときのマクスウェルの驚きが目に浮かぶようだ．

それにしても，ファラデー，マクスウェル，フィゾーなど，多くの優秀な物理学者の仕事がうまく噛み合って初めて，大発見は可能になるということだろう．そういう意味では，一人の天才だけでは世の中は変わらない．

光速は記号 c で表されることが多く，その値は約 $c = 3.0 \times 10^8$ (m/s)，すなわち，秒速30万キロメートルである．1秒間で，地球の周りを8周近く回ってしまうほどの高速だ．ガリレオが測定できなかったのも頷ける．

電磁場は目に見えない．したがって，その存在についての疑いは残った．今

となれば，電磁場の波は，電波であり，光であり，紫外線であり，X線であるわけだから，これらの光や放射線が存在するからには，電磁場の存在も自明のことのように思える．しかし，知らないものを理解するということは（とくにそれが今まで目に見えなかったものだとすると）たやすくは受け入れられないものだ．

　電磁場，および電磁波の確認実験は1887年に行われた．いわゆる電磁波の伝搬実験で，それは携帯電話やテレビ，ラジオなどの電波技術の礎となった．実験を行ったのはドイツのヘルツ (Heinrich Herz) で，マクスウェルの電磁気理論に基づいて電磁波を発生させ，それを送信して受信する実験を行った．実験は成功し，電磁場が実際に存在することが示され，マクスウェル理論の正当性は証明された．光は電磁場を媒質とする波であると完全に証明された瞬間だった．

　こうして，数百年にもわたる光粒子論と光波動論の論争は，ようやく決着がついたように見えた．しかし，どんでん返しが20世紀に用意されていることは，19世紀の物理学者には思いもよらなかっただろう．おもしろいことに，そのどんでん返しの種は19世紀にすでに蒔かれていたのだった．しかもそれはヘルツ自身によるものだった．1887年，すなわち電磁波の伝搬実験が行われた年と同じ年に，ヘルツが発見した「光電効果」が，19世紀に証明されたと思われた光波動理論を打ち砕くこととなる．

4.9　光電効果：光は再び粒子に

　19世紀，電磁気の研究がハイペースで進み，さまざまな画期的な研究が行われた．放電現象の解明，電波の発見，電磁誘導による発電，電球の発明など，その多くは19世紀までの電磁気学の範疇で説明されたが，いくつかの現象については手が出せないまま，20世紀へと持ち越しとなった．その1つが光電効果だ．ヘルツにより1887年に発見され，その弟子のレナート (Philipp E. A. von Lenard, 1862-1947) により詳しく調べられた．

　光電効果は次のようにして発見された（図4.11参照）．まず2枚の金属板を離して向かい合わせ，ガラス管で覆う．次に，真空ポンプでガラス管のなかの

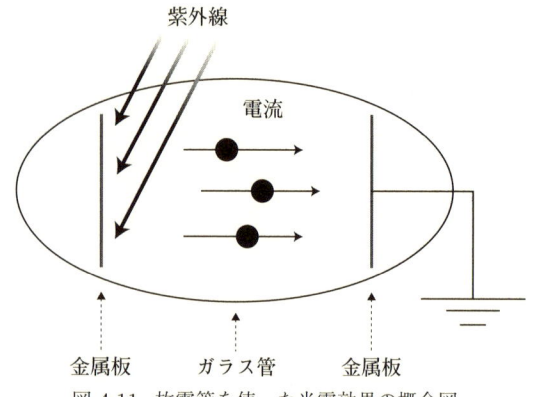

図 4.11: 放電管を使った光電効果の概念図.

空気を抜き，真空状態に近づける．これはネオン管など，放電の実験で使う装置と同じものだ（あるいは，夜の街を飾るネオンサインのチューブでもよい）．実際，ヘルツは放電現象実験の延長線上に光電効果を発見している．

　放電実験では2枚の金属板の間に高電圧をかける．そうすると雷のように電光が輝く（ガラス管内の真空の度合いを，ある程度弱めておく必要はあるが）．大阪の道頓堀に見られるようなネオンサインはこの原理で光る．これは電極の間に電流が流れたということを意味する．真空度をどんどん高めていくと，放電の色はだんだん地味になっていくが，なにか目に見えないビームが飛んでいることは，蛍光塗料を光らせたりすることで確認できる（図5.1参照）．このビームは当初「陰極線」と呼ばれていたが，後に電子の流れであることがわかった．つまり，電流とは，「電子」という微小な粒子が無数に飛び交う物理状態だと理解された (より詳しくは次の第5章で議論する)．

　ヘルツは，高電圧をかける代わりに，片方の金属板に波長の短い光，すなわち紫外線などを照射してみた．すると，放電と同じように電流が流れるのを見つけた．これが光電効果だ．光を使って電流を作る現象だといってもよい（これが太陽光発電の原理になっている）．残念なことに，ヘルツはこれらの大発見を成し遂げてまもなく，36歳の若さで死を迎えてしまう．ヘルツの実験を引き継いだレナートは，実験を通して光電効果の現象論的研究をまとめたが，現象の本質を解明することはできなかった．それを成し遂げたのはアインシュ

タインで，20世紀に入ってからのことだ．レナートがまとめた光電効果の現象論的性質にはいろいろあるが，一番重要なのは，波長が長い光を用いると電流が流れなくなる点だ．

　ヤングやマクスウェルの研究によって，光は波動現象だということになったのだから，波の性質である「波長」と「振幅」によって光の性質は理解できるはずだ（図 3.7 参照）．光波の振幅は光の眩しさ，つまり強度に関連する．振幅の大きな波ほどエネルギーが高い（津波と「さざ波」のエネルギーの違いは明らかだ）．一方，光波の波長は「色」を決める．たとえば，赤い光の方が青い光よりも波長が長い．赤い光よりも長い波長をもつ「光」は赤外線と呼ばれる．一方，紫色の光より波長の短い「光」を紫外線と呼ぶ．

　光電効果を観察してですぐにわかることは，この現象は光によって電流の元となる電子が金属から叩き出されているということだ．とすると，エネルギーの高い波，すなわち振幅が大きな波（光）を照射した方が，電流はたくさん流れるはずだ．それが，赤い光だろうと，紫色の光だろうと関係ないにちがいない．しかし，赤いレーザー光線を金属板に照射しても光電効果は起きず，電流は金属板の間には流れない．どんなにまぶしい光でも，波長が長いと電流は流れない．一方，波長の短い光であれば，どんなにその光源が暗くても，電流は流れてしまう．これは，光が波だと考えると説明がつかない．こうして，光電効果の説明は与えられないまま19世紀は幕を下ろし，20世紀を迎える．

　光電効果の発見される少し前に，「黒体輻射」という熱力学の問題が注目を浴びていた．これは，熱した金属や夜空の星のように，物質は熱して温度を高くするといろいろな色になりながら輝き出す，という熱力学的現象に由来する．たとえば，電気ストーブなどは赤く輝くが，ガスバーナーや完全燃焼したプロパンガスの火など高温のものは青色の炎となる．線香花火の先端は，温度の高いときは綺麗な黄色に輝くが，火が消えて冷めてくると赤色が濃くなって，最後は黒く（暗く）なる．光の色とは光の波長のことだから，きっと物質の温度と光の波長の間には関係があるはずだろう，と物理学者は考えた．これは，産業革命が起きて，鉄鋼産業がさかんだった19世紀には重要な問題だった．良質の鉄鋼材を製造するために，灼熱に融けた鉄の温度を正確に知りたかったからだ．鉄の融点は1500度ほどだから，どんな温度計も融けてしまっ

て役に立たない.もし,ドロドロに融けた鉄の「色」の違いから,その温度を正確に知ることができるのであれば,これほど便利なことはない.しかしながら,黒体輻射の問題,すなわち,物体の温度とそこから放出される光の波長分布(スペクトルということ)の関係式は,なかなか見つけることができなかった.しかし,20世紀直前に大きな進歩があった.プランクの放射公式の発見だ(公式をグラフにしたものが図4.12).

1900年,ドイツのプランク(Max Planck, 1858-1947)は,エネルギーが離散的な量だと考えると,黒体輻射の温度と放出光の波長との関係を導くことが可能であることを発見した.この発見で画期的だったのは,エネルギーの変化がデジタルであって,アナログではないと主張している点だ.直感的に説明すれば,エネルギーとは滑らかなものではなくて,ブツブツと細切れになっているものということだ.たとえば,テレビの画素のようなものが離散的なものであり,絵の具や鉛筆で書いた絵のようなものが連続的なものといえる.このエネルギーの粒のことを,「量子」という.量子力学の最初のアイデアが誕生した瞬間だ.プランクのエネルギー量子のアイデアは,次のような関係式で表すことができる.

$$量子1個分のエネルギー = \frac{1}{光の波長} \tag{4.3}$$

量子が1.23個とか,4.56個とか半端な数(非整数)ということはありえない.1個,2個,3個,4個....と整数になっているはずだ.これが,「エネルギーがデジタル化(離散化)された」ということの意味である.

おもしろいことに,プランクは,自分で見つけた放射公式の形に不満をもっていた.エネルギーがデジタル,すなわち離散的になっているのは,「非現実的」だと思ったからだ.「量子」というのは数学上のテクニックにすぎないもので,現実には存在していないと考えていた.したがって,いずれ数学や理論物理が進歩してくれば,自分の公式よりもっといいもの,すなわちエネルギーが連続であることを許す公式が発見されるだろうと思っていた.したがって,量子の存在をどうやって消去しようかと,日夜懸命に努力していたようだ.このとき,プランクは42歳.経験が豊かになり,深い知恵がついてくる年齢だ.しかし,それは同時に,革新的なアイデアをなかなか受け入れられな

くなり始める時期でもある．旧来の常識を壊すのをためらわず，革新的な新しいアイデアを受け入れられるのは，若者たちの特権だろう．そして，その一人がアインシュタインだった．

プランクが自分の公式に現れてしまった「量子」を必死に消し去ろうと努力しているとき，特許庁の役人だった 26 歳の青年が，プランクの量子の概念を光電効果に適用し，論文を書いてしまった．この青年が，ドイツの（スイスの国籍ももつ）アインシュタイン (Albert Einstein, 1979-1955) だった．興味深いことに，プランクは当初この若者の理論を受け入れなかった．量子の概念の乱用だと思ったからだ．

量子論に基づく，アインシュタインによる光電効果の説明とは次のようなものだ．まず，光が電子をはじき飛ばすのが光電効果であるとする．問題は，光が波動だとすると，そのエネルギーは波長ではなく，振幅（すなわち光の明るさ）に比例する点だ．つまり，赤い光だろうと，青い光だろうと，明るくまぶしい光を照射すれば光電効果の電流が，よりたくさん流れるはずだ．しかし，実際の光電効果では，光の振幅ではなく，波長に応じて電流が流れたり流れなかったりする．ここが，19 世紀の物理学者にはどうしても理解できなかった．

しかし，もし光のもつエネルギーが，プランクのいう「量子」になっていたらどうだろう．これは，つまり光が粒子だと考えるという意味だ．ただし，この光の粒子は，プランクがいうような量子化されたエネルギーをもっている必要がある．つまり，波長の逆数がエネルギーになるような粒子である．この光の粒子（あるいは量子）のことを「光子」と呼ぶ．

ここで，1 つ矛盾があることに気づくだろう．つまり，粒子であるといっているにもかかわらず，そのエネルギーは「波長」で与えられるといっているからだ．当然ながら粒子は波ではないので，「波長」では特徴づけられないはずだ．むしろ，質量とか半径とか，そういう物理量になるべきだ．

おそらく，プランクを含め多くの物理学者たちは，この矛盾を見た瞬間，「光子」というアイデアを捨て去ってしまったり，あるいはそもそもそんなアイデアすら考えなかっただろう．19 世紀に苦労してやっと「光は波動」だということが，注意深く検証されて証明されたのに，矛盾を含んだ新しい理論ですべてを台無しにするのは馬鹿げたことに思えたことだろう．しかし，アイン

シュタインは気にしなかった．それは，光の波動理論ではお手上げだった光電効果の説明が，光子を使うと簡単に説明できたからだ．理論的な成功に留まらず，この後アメリカなどにおいて繰り返された検証実験は，アインシュタインの理論の正しさを支持するものだった．じつをいうと，実験家たちはアインシュタインの理論を否定してやろうと実験を行ったのだが，やればやるほど理論が正しいことが判明していった．こうして，アインシュタインの光子理論は広く認められることになる．

1922 年，アインシュタインは光電効果の理論に対してノーベル物理学賞を受賞する．ちなみに，光電効果に関わった物理学者の多くがノーベル物理学賞を受賞している．レナートは 1905 年に，プランクは 1918 年にそれぞれ受賞している．また，光電効果の実験的検証を行ったアメリカのミリカンは 1923 年に受賞している．

4.10　波は粒子で，粒子は波で...：最後の結論

アインシュタインの理論によって，光はまたもや粒子の可能性が出てきた．しかし，マクスウェル方程式は厳密に正しいし，ヤングの二重スリットの干渉実験は光が波動であることを証明している．しかも，アインシュタインの光子理論では，光子のもつエネルギーは「波長」によって決まるといっている．粒子なのに，波長とはどういうことか？　この観点からすると，アインシュタインの光子理論は現象論の域を抜けていなかった．光の本質についての謎は深まるばかりだった．1905 年に光子論が発表されてからアインシュタインにノーベル賞が贈られるまで，じつに 17 年が経過している．それだけ，アインシュタインの理論は画期的かつ革新的で，なかなか人々に受け入れてもらえなかったことを示唆している．「現象論」としての解決はえられたものの，光が波動なのかそれとも粒子なのかという問いは解かれぬまま，さらに年月が経過していた．しかし，1924 年，ついにその答えにつながる驚くべき仮説が発表される．フランスの物理学者ドブロイ (Louis de Broglie, 1892-1987) の物質波の理論，および粒子波動の二重性 (デュアリティ) だ．この仮説は，ドブロイの電子の波動性についての博士論文として発表された．

第4章　はじめに光ありき：光る宇宙

　ドブロイは，フランスの貴族ブロイ家の出身で，最初はパリにあるソルボンヌ大学で歴史を専攻していた．しかし，一次大戦のレーダー開発に参加したことをきっかけに物理学に専攻を変える．博士論文の審査員はアインシュタインだった．ソルボンヌ大学の教授たちは，ドブロイの論文が正しいのかどうか自分たちで判定できなかったため，アインシュタインに審査を依頼した．これはソルボンヌ大学の先生たちが不勉強だったわけではなく，ドブロイのアイデアが，アインシュタインの光子と同じくらいに革新的だったと捉えるべきだろう．正直に自分の能力の不足を認め，アインシュタインという正しいレフェリーに論文を送ったソルボンヌ大学の教授たちをむしろ褒めるべきだ．もちろん，アインシュタインはドブロイの博士論文を合格とした．

　ドブロイの理論の概要はこうだ．「波」であると思われた光が粒子（光子）だというならば，「粒子」だと思われてきた電子が波になっていても不思議ではないのではないか？　つまり，「物質波」というものがあるのではないだろうか．とすれば，電子を使ってヤングの二重スリットの実験を行えば，きっと干渉するはずだ．

　論理学を勉強すると，ある命題の逆は必ずしも真とはならない，ということを学ぶ．たとえば，「のび太くんは人間だ」という命題を考える．もちろんこれは真（すなわち正しい命題）である．ところが，この命題の逆は「人間とはのび太くんのことだ」となる．この逆命題に異を唱える人は全国に無数いるはずだ．つまり，論理学を知るものは，命題の逆を軽々しく「真」とは考えない．つまり，波が粒子なら，粒子は波だろう，といったドブロイの仮説は，常人にはとても言い出せない仮説だ．常識的な物理学者なら条件反射的に否定してしまうだろう．それだけ，ソルボンヌの教授たちが慎重だったこと，またドブロイの博士論文を合格としたアインシュタインは「すごかった」といえる．もちろん，ドブロイ自身の独創性がすばらしいのはいうまでもない．

　ドブロイの画期的なアイデアは，波動は粒子であり，粒子は波動である，ということを意味しており，宇宙に存在するすべてのものに対する「二重性」を提唱している．つまり，人間は物体であるとともに，波でもあると主張しているようなものだ．ドブロイの理論に従って，「人間の波長」を計算してみよう（物体の「波長」のことを，現在の物理学ではドブロイ波長と呼ぶ）．じつ

は，ドブロイ波長は，人間の体重とその移動速度によって変わる．そこで，体重50キロの女性が全力疾走している場合を想定してみよう．この女性は100メートルを20秒で疾走できるとする．つまり，秒速0.1キロメートルということだ．この場合のドブロイ波長は，おおよそ10^{-34}メートル，つまりかぎりなくゼロに近いほど短い波長の「波」である．

　ドブロイの物質波のアイデアに触発され，オーストリアのシュレディンガー(Erwin Schrodinger, 1887-1961) が1926年に「波動力学」という量子力学の理論を考案する．そして，電子の干渉は，1927年に行われた実験で確認された．これは，粒子が波の姿を見せた画期的な実験となった．ドブロイは1929年，電子の干渉実験を行った実験グループは1937年にそれぞれノーベル物理学賞を受賞している．また，シュレディンガーも1933年にノーベル物理学賞を受賞している．

　こうして，17世紀から続いてきた，光の本質に関する答えに結論がもたらされた．それは「光とは，波でありつつ波でなく，粒子でなくて粒子なりけり」．禅宗のなぞかけのような結論となったが，波と粒子の二重性が発見されたということでもある．光の探求の副産物として「物質波」も発見され，物理学をやっていない人たちにとってみれば，世の中なにがなんだかわからない，といった感じを受けたのではないだろうか？

4.11　宇宙の温度と光る宇宙

　ドブロイの「波動と粒子の二重性」が確定してからは，何事も万事都合のよい方を状況に応じて選べばよいことになった．すなわち，波がよければ波として，粒子がよければ粒子として扱ってよい．どちらでもないと同時に，どっちでもあるからだ．1915年にノーベル物理学賞を受賞した英国の物理学者ブラッグ (W.H.Bragg, 1862-1942) は冗談で，「物理学者は月，水，金曜日には波動論を使い，火，木，土曜日は粒子論を使う」といったほどだ（とすると，日曜は休みで何も考えないということか？）．

　この二重性をうまく利用して，宇宙の初期の状態を描写してみよう．歴史書でいえば，古代の章にあたる（が創世記ではない）．ビッグバンの瞬間の記述

第 4 章　はじめに光ありき：光る宇宙

に関してはまだ定説がないので，ビッグバン直後の状況から話を始めよう．それには，ビッグバンから 0.01 秒だけ経過した後の宇宙がよい．これより前の宇宙を記述するには，最先端の物理学や天文学といえども，不明な点がまだ多く存在するからだ．

　ビッグバンから 0.01 秒後の宇宙は極小の粒であり，温度はおおよそ 1000 億度もあった．そして，無数の光子で満ちあふれていた．この光子の「波長」は著しく短くなっている必要がある．というのは，さもなければ生まれたばかりの小さな宇宙に入りきらないからだ．プランクの式 (4.3) によれば，波長の短い光子のエネルギーは莫大なエネルギーをもつ．したがって，初期の宇宙では，1 個の光子が莫大なエネルギーをもつうえに，それが無数に重なり合って，その温度は想像を絶するほど高温だった．当然，そのエネルギー密度（光子の数密度といってもよいだろう）も莫大な値だった．

　これだけ超高温状態の世界では，物質は素粒子の形以外では存在できない．粒子を組み合わせて大きくしようとしても（つまり，原子核や原子をつくろうとしても），すぐに光子がぶつかってきて壊されてしまうからだ．これは，あたかも賽の河原で石を積むようなものだ．積んでも積んでも（素粒子をくっつけても），すぐ鬼 (高エネルギーの光子) に崩されてしまう．

　圧倒的な数の光子のなかで，素粒子はあたかも絶滅危惧種のような割合で存在していた．その割合は光子 10 億個に対して，わずかに 1 個だったと推定される．しかし，宇宙の大きさが極小だったため，わずかな割合といえどもその密度は莫大になる．膨張によって素粒子の密度が十分低くなるまでは，狭い宇宙のなかで，光は素粒子にぶつかりまくっていた．あたかも，泥酔した人が，京都の先斗町辺りの細い路地を，F1 カーに乗って全速力で走りだすようなものだ（泥酔してなくても，結果は同じかもしれないが...）．素粒子にぶつかっては跳ね返り，跳ね返ってはぶつかる，という繰り返しを無数の光子が行う．すると，宇宙の細かい部分の情報は消え失せて，温度だけが宇宙の唯一の特徴となる．この状態を熱平衡状態という．このような熱平衡状態に陥った物質は，すべて同じ「性質」をもつ．その性質とは，その物体のなかに存在する光の波長分布の形だ（図 4.12 参照）．熱平衡状態において，この波長分布（スペクトル強度の分布）の形状は，温度によって一義的に決まる．逆に，スペクト

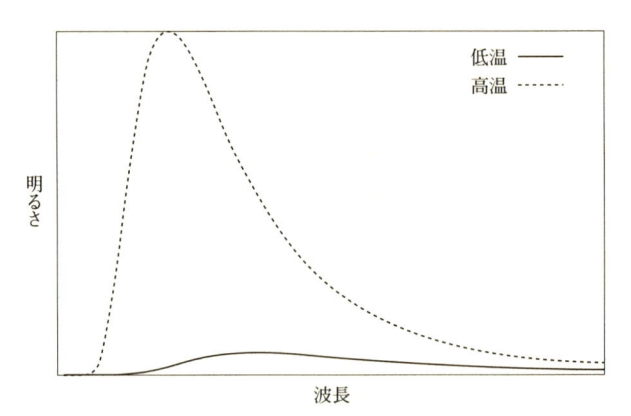

図 4.12: 黒体輻射のプランク分布の例．横軸が光（光子）の波長．縦軸はその波長 (Wave Length) をもつ光子の数（明るさ=Brightness）．実線のグラフは低温に対応するもの．一方，点線グラフは高温に対応する．黒体の温度が上がると，波長の短い光子の数が増える．これは，量子エネルギーが波長に反比例するから．

ル強度の分布がわかれば，熱平衡にあるその物体の温度がわかる．宇宙の「温度」は，温度計では測れないが，宇宙を満たす光の波長分布を調べることで測ることができる．

　宇宙は膨張を続けるので，この熱平衡の宇宙はやがて終わりを迎える．そのきっかけは，ビッグバンからおよそ50万年ほどが経過した頃に起きた原子の誕生だ．原子は電気的に中性で，光子がぶつかりにくくなる．そのため，光子が素粒子によって散乱したり，衝突する回数が急速に減り，はるか彼方まで飛び続けることができるようになる．これを「宇宙の晴れ上がり」という．光子が素粒子とぶつかるまでの距離が長くなり，遠くまで宇宙を見通せるようになるからだ．一方，熱平衡にあった初期宇宙は，深い霧がかかった朝のようなものだ．晴れ上がりの瞬間，光子は宇宙中に飛び散っていく．しかし，そのスペクトル分布は平衡状態の最後の状態を保持し続ける．晴れ上がり寸前の平衡状態の温度は3000度なので，そのときの波長分布の情報が化石のように，宇宙に散らばっていくすべての光子のスペクトル分布のなかに刻み込まれる．

　膨張し続ける宇宙のなかで，光子の波長は，ドップラー効果によって次第に伸び始める．こうして，光子のエネルギーは次第に減少し，宇宙の「温度」は低下していく．現在も，宇宙は膨張し続けているから，宇宙の温度は単調

に減少し，光子の平均波長も単調に長くなっていく（注：数学でいう「単調に減る」とは，増えたり減ったりしない，つまり「減りっぱなし」という意味）．宇宙の温度，および宇宙に含まれる光子の平均波長は増加し続ける．時間と同じで，後戻りすることはない．ビッグバンから138億年ほど経過した現在の宇宙を満たす光子の波長分布を調べると，宇宙の温度がわかる．その温度はマイナス270度程，つまりほぼ絶対零度（-273度）に近いほど凍てついている．そして，平衡状態の宇宙を満たしていた光子の平均波長は，ドップラー効果で伸びきった結果，現在1ミリほどになっている．この波長をもつ電磁波は，通常，赤外線の領域にある．このような波長をもって宇宙を満たしている，無数の光子のことを「宇宙背景輻射」という．宇宙背景輻射の発見は，光の球として誕生したという宇宙のビッグバン理論の観測的証明であり，宇宙が膨張していることの直接の証明だ．

　この大発見は，アメリカのベル研究所につくられた，衛星通信用のアンテナを使って成し遂げられたが，当初の研究目的はまったく別のものだった．この研究の予備観測として観測機器の調整をしていたとき，「アンテナの雑音」がなかなか消えず，研究者は困り果ててしまった．それが，宇宙全体に広がって存在するビッグバンの「化石」だとは，最初誰も気がつかなかった．その経緯を紹介して，この章を閉じるとしよう．

4.12　宇宙背景輻射：膨張宇宙の実証

　1964年，アメリカはソ連（今のロシア）と冷戦状態にあった．冷戦では，強大な核兵器を保持し相手を脅すことで，自国の優位性を誇示する争いが繰り広げられた．というのは，核兵器を実際に使って戦争をすると，同士討ちになった場合，ともに滅んでしまう危険性があったからだ．実戦は最後の最後の手段として，残しておきたかったのだ（死なばもろとも...という悲壮な最期として）．この時期の米ソ両国は，競争できるものはすべて競争した．オリンピックのメダルの数，ノーベル賞の数，核爆弾の数，そして宇宙ロケットの数など，自国の優秀さが示せるものはなんでもやった．なかでも，宇宙開発競争は激烈で，日夜必死に努力していた．とくに，ソ連に人工衛星開発で遅れをと

ったアメリカが，人間の月面旅行に関してはソ連に勝つと宣言した．1961年，当時の合衆国大統領ジョン・F・ケネディの有名な演説だ．1960年代の終わりまでに，アメリカは人間を月面に立たせてみせると言い切ったのだ．

このような状況のなか，アメリカ電話電報会社(ATT)のベル研究所では，人工衛星を使った衛星通信の技術を開発していた．この研究のために，人工衛星から送られる電波を受信する高性能のアンテナが1959年につくられたが，研究は着々と進み，1963年になると当初の工学的研究はすでに終了し，この実験用アンテナを使う者は誰もいなかった（図4.13参照）．しかし，その性能の高さを利用すれば，宇宙からやってくる電波の研究にも使えることに天文学者たちは気がついていた．カリフォルニア工科大学の電波天文学で学位をとったばかりの若い物理学者が，天文台にはいかず，わざわざベル研にやってきたのは，この使い道のなくなったアンテナを，博士論文でやり残した研究に利用するためだった．この物理学者がウィルソン (Robert W. Wilson, 1936-) だった．

電波というのは，波長の長い電磁波だから，低温状態にある天体が放出する「光」とみなすことができる．たとえば，恒星の原料となる星間ガスとか，超新星爆発の残骸などは，電波や赤外線といった長波長の「光」を使った観測でよく調べることができる．ウィルソンは，同じ研究所にいた，電磁場やメーザー（レーザーに似た光学装置）の専門家だったペンジアス (Arno A. Penzias, 1933-) と組んで，私たちの住む銀河系（天の川銀河ともいう）の外縁部に広がるガス状の部分（ハロー）から発せられる電波の強度分布を，このアンテナで調べる研究を始めた．ウィルソンが着目していた銀河のハローとは，活発な恒星が少ない領域で，温度が低い場所だ．

2人が銀河電波の捕捉に使おうとしていたアンテナは非常に高感度だった．しかし，それが仇となって，アンテナに付属する電子機器からでるノイズや，地球大気が発する電波を，大きな「雑音」として拾ってしまうという問題があった．そこで，雑音と思われる電波の発生源を特定し，この部分はこの機械から出ている雑音だとか，この部分は近くのテレビ塔から出ている電波だとか，1つ1つ同定し，データから抜き取る必要があった．ていねいにデータを分析していくと，かなりの雑音を抜くことができた．しかし，ほんのわずかだけ，

第 4 章 はじめに光ありき:光る宇宙 125

図 4.13: 宇宙マイクロ波輻射背景をとらえたベル研のアンテナ装置.（写真:
NASA 提供）

説明のつかない雑音が残った．そこで，試しに銀河電波とはほど遠い7セン
チ程度の波長をもつ電波だけにチャンネルを絞り，雑音分析を行うことにし
た．この波長の電波は大気からやってくることが知られていた．そこで，地球
の大気の厚みを利用して，アンテナの感度を調べようとした．地球の大気の厚
みは地平線方向が一番厚く，天頂方向がもっとも薄い．大気に源をもつ電波の
強度は大気の厚みに比例して大きくなるから，天空高くアンテナを向けたとき
と地平線近くに向けたときを比べると，電波の強度に差異が現れる．この強度
の差異を使ってアンテナの性能を調べようとしたのだ．

このような方法で大気の影響を取り除けば，およそ7センチの波長におい
ては他に雑音の発生源はないはずなので，受信電波はきれいになると2人は
期待していた．ところが，驚いたことに，まだ同じ雑音が残っていた．しか
も，この高感度のアンテナを空のどの方向に向けても，同じ強度の雑音が残っ
た．さらに，朝に測っても昼に測っても夜に測ってもその強度は変わらないば
かりか，1週間経っても，1か月経っても，季節が移ろいでも，まったく変化

がなかった．この結果の解釈には，2つしか可能性はなかった．1つは，宇宙全体がこの「雑音」で満ちているということ，もう1つは，アンテナ自身に誰も予期しないような雑音源がまだ潜んでいるということだった．

アンテナを再度よく調べてみると，ひとつがいの鳩がアンテナに巣をつくっているのが見つかった．さらに悪いことに，この鳩は，アンテナに「白い物質」をべっとりと塗ってしまっていた．この「白い物質」は誘電物質として電波雑音を発生する可能性があったので，2人の物理学者はしばらくの間この鳩の糞掃除をするのが研究の最重要課題となった．鳩の巣は取り除かれ，鳩は捕獲されて別の場所で放たれたが，2,3日するとまたアンテナに戻ってきてしまった．再捕獲され放たれてはまた戻ってくるという繰り返しが続いたので，結局は処分することになった．このような困難を乗り越えて，きれいに磨き上げられたアンテナにはもう雑音源はないように思われた．しかし，雑音の強度はほんのわずか減少しただけで，依然として7センチの波長の電波が捉えられ続けていた．2人は途方に暮れてしまった．

ペンジアスが別の用事でたまたま友人の研究者に電話したとき，プリンストンの若い理論家が最近おもしろい研究をしている，という話を聞いた．友人がその理論家のセミナーで聞いたのは，初期宇宙の名残が電波の形で宇宙のいたるところに満ちているという内容だった．この理論家とは，プリンストン大学の実験天文学者ディッケ (Robert H. Dicke, 1916-1997) のグループにいた，ピーブルズ (Jim Peebles,1935-) だった．ペンジアスはディッケに電話をかけ，自分たちのデータの雑音について説明した．プリンストンの天文学者たちは，ペンジアスとウィルソンの「雑音」が，ピーブルズのいう「初期宇宙の名残」であることを確信した．こうして，ベル研とプリンストン大学の共同研究が始まり，彼らは論文を出すことにした．プリンストンに比べ，ベル研の2人は自分たちの雑音の解釈について慎重な立場を取り続けたが，研究が進むにつれ，彼らの「雑音」は宇宙初期に熱平衡にあった光子の「化石」であることは疑いようのない事実となった．その雑音の強度は，絶対温度にして3度，すなわち摂氏 −270 度の極低温に対応した「黒体輻射」であることを意味していた．

宇宙の膨張によりドップラー効果で波長が伸びてこのような極低温になって

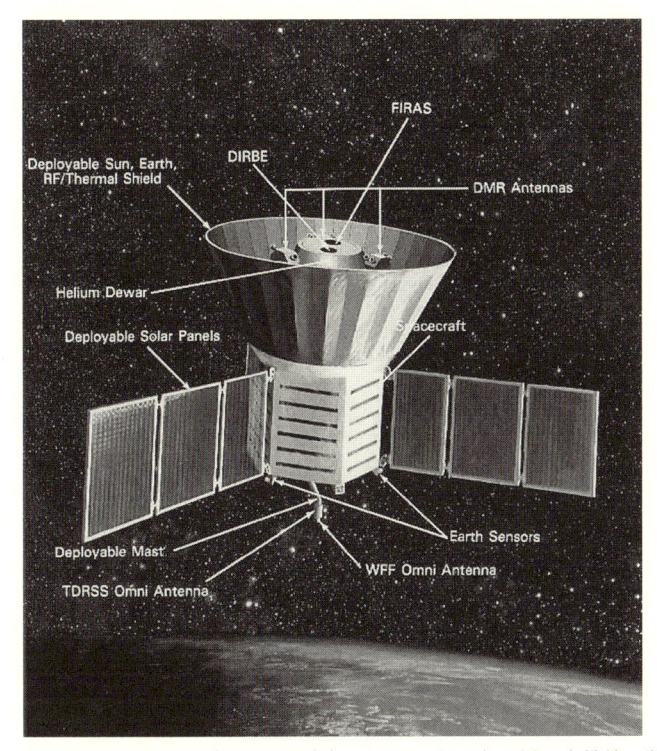

図 4.14: COBE 探査衛星（NASA 提供）．FIRAS という装置が赤外線の強度を測定する装置．

しまったものの，「宇宙マイクロ波背景輻射」（ペンジアスとウィルソンの雑音のこと）の発見によって，時間を逆回しにすれば，かつて宇宙は高温高密度の光の球だったことが直接示されたのだ．1978 年，ペンジアスとウィルソンはノーベル物理学賞を受賞した．

しかしながら，1978 年以降になっても懐疑論はあった．ペンジアスとウィルソンの測定したのは，約 7 センチの波長をもった電波だけだったので，宇宙に満ちているさまざまな波長をもった光子の強度分布を調べないと，宇宙がかつて熱平衡にあったと完全にはいえないのではないかと考えた人々がいた．ペンジアスとウィルソンの結果から導かれた宇宙の「温度」は摂氏 −270 度だったが，じつはこの温度に対応する黒体輻射の平均波長は 1 ミリだった．つ

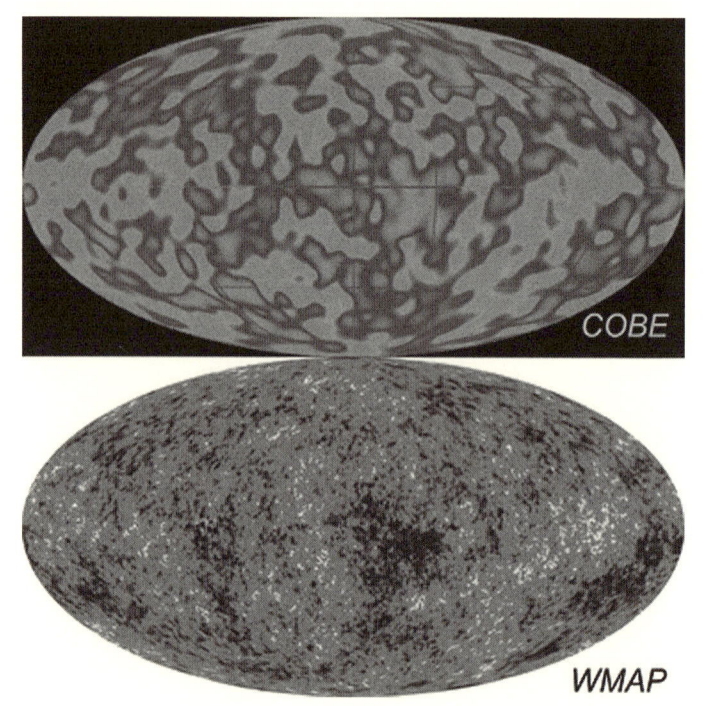

図 4.15: COBE と WMAP によって測定された,「宇宙の温度」の揺らぎ分布図. 性能の違いが一目瞭然にわかる. (NASA 提供)

　まり, 観測に利用した7センチの電波よりも, ずっと波長の短い光子の方が宇宙にはたくさんあるはずだ. 波長が1ミリの光というのは, 赤外線の領域に対応する. しかし, 地球は赤外線にあふれているから, 地上の観測機器を使ってしまうと, 宇宙背景輻射の赤外線を区別して測定することはほぼ不可能となる. つまり, この研究を成功させるためには, 地球の外, つまり宇宙に観測機器を運ぶ必要があった. それが実現するまで, 10年の月日がかかることとなった.

　1989年にNASAが打ち上げたCOBE (コービー) という探査衛星は, 宇宙空間において, 電波のみならず赤外線も含む波長領域で宇宙背景輻射の強度を観測した (図4.14参照). それまでくすぶっていた懐疑, すなわち精密に測定すれば宇宙背景輻射が黒体輻射の分布になっていないのではないかとい

う疑念は，この宇宙観測によって完全に払拭された．宇宙は，人間がそれまで見たなかで，もっとも完璧な黒体輻射分布をもっていたのだった．これにより，宇宙が熱平衡にある光の球から始まったことは完全に証明された．COBEプロジェクトを指揮した科学者2人（NASAのJ・C・マザー（J.C.Mather）とカリフォルニア大学バークレー校のG・F・スムート（G.F.Smoot））は，2006年のノーベル物理学賞を受賞した．

　この研究は新型の探査衛星WMAP(Wilkinson Microwave Anisotropy Probe)に引き継がれた．2001年に打ち上げられ2010年まで宇宙観測が行われた．宇宙背景輻射のより精密な測定が行われ，宇宙の膨張に細かい不均一性があることや，それに伴う加速度的宇宙膨張（インフレーション）などといった最先端の天体物理学のテーマが調べられ，大きな成果を挙げた．その結果の1つとして，宇宙の年齢が138億年であることが判明した．また，宇宙の組成の7割余りが正体不明のダークエネルギーであり，残りの2割も未知の物質ダークマターであることがわかった．私たちのよく知る，原子や恒星などといった通常の物質は宇宙の1割程度しか満たしていないということは，物理学者，天文学者にとって非常に驚きだった．この方面の研究は今も精力的に続けられている．

第5章 光から素粒子をつくる: 物質の創成

　前の章の終わりでは，宇宙の歴史をビッグバンから0.01秒経ったところから始めた．そのとき宇宙にあったのは，圧倒的な数の光子と，わずかな素粒子だった．その割合は，光子10億個に対し素粒子1個．光子と素粒子はぶつかり合って熱平衡状態となり，その名残が宇宙背景輻射となって現在も宇宙中に飛び交っている．しかし，光の球から始まったはずの宇宙に，どうやって素粒子が紛れ込んだのだろうか？　ビッグバンから0.01秒までの間に起きたことは，いったい何だったのだろうか？　この章では，素粒子が誕生するまでの歴史を概観する．

5.1　素粒子の種類（電子の発見）

　古代ギリシア人はこれを否定したいだろうし，現代の物理学者もあまりこれを好ましい状況だとは思っていない．しかし，今私たちが手にしている物理の知識に従えば，素粒子にはいろいろな種類がある．「素」というくらいだから，基本的な粒子はただ1つで，すべての物質はその組み合わせにすぎないといえれば，この世はなんとシンプルだろう．しかし，現実には（というより現在の私たちの知識レベルでは），素粒子と呼ばれる粒子は結構たくさんある．ここでは，宇宙の進化にもっとも大切だと思われる数種類の素粒子を紹介しよう．

1. 電子 (e^-):　現在知られている素粒子のなかで，もっとも小さくもっとも軽い素粒子が電子だ．電子の質量は約 10^{-31} キログラムだが，小さすぎて不便なので，物理学者は別の単位「電子ボルト」をつかう．電子の

質量をこの単位で表すと，約 0.5 メガ電子ボルト（0.5 MeV）となる．つまり，電子が 2 つで約 1 MeV となる．電子は，マイナスの電荷をもっている．英語では "electron" というので記号 e^- で表されることが多い．

2. ミューオン (μ^-)：　電子によく性質が似ていて，負電荷をもつ．異なるのは，質量が電子の 200 倍以上ある（106 MeV）こと．発見当初は，下で説明する π 中間子とまちがえられた．まちがいと判明し，新しい別の粒子だとわかったとき，「誰がこんな粒子を注文したんだ？」と嘆いた物理学者がいたという．

3. 陽子 (p)：　水素は元素のなかでもっとも軽いが，その原子核が陽子だ．とはいえ，その質量は電子の 2000 倍近くもある（正確には 938 MeV）．プラスの電荷をもっている．英語では "proton" というので，p という記号で表されることがある（電荷を反映させれば p^+ と書いてもよいだろう）．protos というのはギリシア語で「最初」という意味だ．水素元素はもっとも密度が小さく，元素表の一番最初にくることから，こう名付けられた．日本語では，電荷がプラスの素粒子という意味が強調されているが，「陽子」の代わりに「初子」と訳してもよかっただろう．

4. 中性子 (n)：　陽子とほぼ同じ質量（939 MeV）をもつが，ちょっとだけ重い．そのため，ベータ崩壊を起こして陽子に変わってしまう性質がある．一般に原子核中では崩壊寿命は長くなるが，中性子 1 つだけを抜き出してしまうと半減期は約 15 分になる．ヘリウム原子核の構造研究の結果，1932 年に初めて発見された．電荷はなく中性（± 0）．そのため，電磁気を使った検出が難しい．

5. 光子 (γ)：　電気的には中性（電荷なし）で，質量も 0．光電効果の研究を通じ，光の量子であることが 1905 年アインシュタインによって解明された（詳しくは前の章を参照のこと）．光速で運動し，大量に集まると，光の反射，屈折，回折などの法則に従う．電磁気力を伝える素粒子であることが，後に判明した．

6. パイオン ($\pi^{\pm}, p^0$)：　3 種類あり，電荷が +，−，そして中性のものがある．日本の湯川秀樹が 1935 年に予言し，1947 年にアメリカのパウエルによって発見された．核力を伝える素粒子．

第5章 光から素粒子をつくる: 物質の創成　　　　　133

7. ニュートリノ (ν):　電荷をもたず中性のため，最初は「ニュートロン（中性子）」と呼ばれていたが，上で述べた中性子に名前を取られてしまった．ニュートリノというのは，「電荷が中性の粒子」というのをイタリア語風にしたもの．中性子のベータ崩壊の際，エネルギー保存の法則を破らないように，ドイツのパウリ (WolfGang Pauli, 1900-1958) が理論的に導入した．1956 年に実験で初めて検出された．その質量は最近まで 0 だと思われていたが，1998 年に日本のスーパーカミオカンデ検出器によって，有限の質量をもつことが発見された．しかし，質量の絶対値はまだ明らかになっていない．その理由は，質量があるとしても，かぎりなく 0 に近いからだ．光の早さに匹敵するような高速で移動し，電磁気力にも重力にも反応しないうえ，核力に対する反応も鈍い（弱い相互作用のみに反応する）．したがって，検出するのが非常に困難で，「お化け」と呼ばれることもある．

　これ以外にも，クォークやグルーオン，タウ粒子やヒッグス粒子など，たくさんの素粒子があるが，ここで議論する宇宙の歴史にはあまり関係がないので割愛する．また，上のリストで「素粒子」と書いた粒子のなかには，実際には複合粒子のものもある．たとえば，陽子は 3 つのクォークが組み合わさった複合粒子だ．しかし，宇宙の歴史を考える際には，このような粒子も素粒子と考えた方が便利なので，ここでは「素粒子」とみなす．
　それぞれの粒子の発見にはそれぞれのドラマがあるが，それらはおいおい触れることにして，この節では手始めとして「電子」について説明しよう．
　電子が発見されたのは 19 世紀後半であり，人間がこの素粒子を見つけてからまだ 150 年も経っていない．発見者は英国の物理学者トムソン (J. J. Thomson, 1856-1940) で，1874 年のことだ．しかし，これよりもずっと前に，人間は大量の電子の流れにはなじんでいた．電流である．電流とはなにか，という問いを突き詰めた結果，それが電子という素粒子の流れである，という発見に行き着いたのだった．
　電気回路をいじるだけなら，電流の正体が電子だと知る必要はない．実際，電気の研究は電子のことを知らぬまま，19 世紀までにはかなり高いレベルに

到達していた．電子の発見へといたる道のりの出発点は，物体を2種類に分類すること，すなわち，電流が流れるもの（導体）と流れないもの（絶縁体）に区別したあたりから始まる．日常感覚からすると，金属はよく電流を流すが，ゴムや紙などは流さない．どんな物質が電気をよく流し，どんな物質は流さないのかという知識は，工学や産業などで役に立つから，一生懸命調べてその分類に励んだことだろう．導体や絶縁体の知識は，たとえばこんなとき役に立つかもしれない——．夕立のなか，雷が激しく鳴り出した．稲光が闇を照らし出し，轟音が響く．神保町の地下鉄の出口から上がってきたばかりのあなたは，土砂降りとなった目の前の風景を見てため息を漏らす．科学史科学論の講義が始まるまで，あと5分となった．大学までは目と鼻の先なのに，いったいどうしたらよいだろうか？　たしか今週は，絶縁体の話をすると先生は言っていた．おもしろそうだ．絶対に出席したい．傘をさしていけば，なんとかなるだろう．よし！　と傘を頭上に持ち上げて開き，一歩前に出た瞬間，ピカッとあたりは真昼のように明るくなった．あなたの傘の先端に落雷してしまったのだった....　もし，この学生に絶縁体の知識があれば，電流を流さないはずの紙，たとえば科学史の教科書の表紙を破いて，傘の先端をそれで包んだだろう．傘の先端は金属でできている．金属は導体だから電気をよく流す．雷雨のなかに導体を頭上高くかかげてしまったのは，たしかにこの学生のミスだ．ところが，黒こげになって呆然と立ち尽くすこの学生の足下を見ると，ゴム長靴を履いているではないか！　ゴムは絶縁体だから，電流を流さないはずだ．一体全体，なにがまちがっているのだろうか？　とすると，もし傘の先端を紙で包んでから傘をさしていたとしても，はたしてこの学生は無事に講義に出席できただろうか？

　答えは，ゴム長靴を履いていようと紙で傘の先端を覆い隠そうと，雷は落ちてしまう．このとき，絶縁体のはずのゴムにも，紙にも電流は流れている．こういう現象を絶縁破壊という．絶縁破壊が起きてしまったのは，雷の電圧が数億ボルトにもおよぶ高電圧だからだ．じつは，空気中を切り裂く雷自身が，空気を絶縁破壊している．空気は非常によい絶縁体だから，そこに電流を流すのはとても大変だ．たとえば，断線した電気回路には，通常は電流は流れない．「通常」というのは，家庭用電圧 100 V 程度の電圧がかかった電気回路という

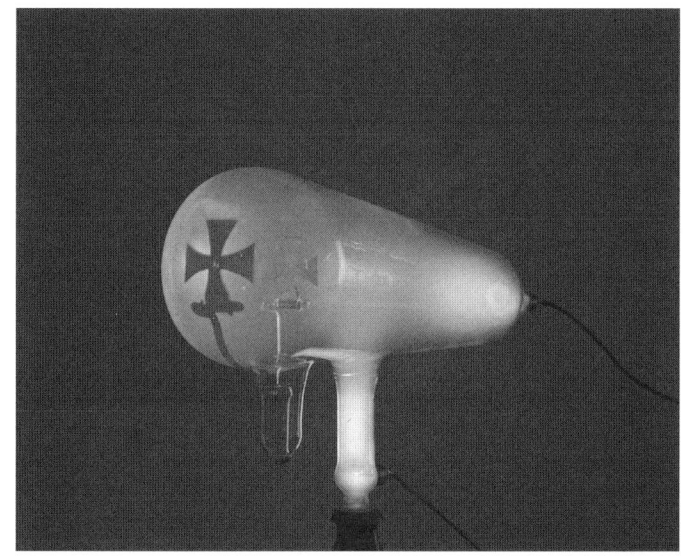

第 5 章　光から素粒子をつくる：物質の創成　　　　　　　　　　135

図 5.1: 陰極線が流れるクルックス管．グロー放電の領域（管の右側）の向こうに，十字のプレートがある．このプレートにぶつかった電子はその先に進めないため，後ろに影をつくる．(Zátonyi Sándor 氏提供)

意味だ．しかし，断線した電気回路でも，1 億ボルトの電圧をかければ電気は空気を飛び越えて，電球は明るく灯もるだろう（割れて吹っ飛んでしまうかもしれないが）．空気を絶縁破壊し，空気中に電流が流れる現象を放電という．放電の研究は，19 世紀の初め（電磁誘導の法則を発見した）ファラデーによって始まった．

　1835 年にファラデーは，真空ポンプを使って空気を薄くしたガラス管のなかでは放電しやすいことを発見した．「放電しやすい」というのは，低い電圧でも放電が起きるという意味だ．1857 年，ドイツのガイスラー (Heinrich Geißler, 1814-1879) とプリッカー (Julius Plücker, 1801-1868) は，さらに真空度を上げたガラス管（ガイスラー管と呼ばれる）の作成に成功し，グロー放電を発見した（図 5.1）．グロー放電とは放電が赤や紫色に輝く現象で，現代の夜の町を飾るネオンサインを輝かせているのは，基本的にはこの現象だ．この実験の翌年に，プリッカーは陰極の裏側のガラスにビーム（光線）が当たって発光していることに気づいている．この不思議なビームはドイツの物理学者

の注目を集め，ドイツのヒットルフ (Johann W. Hittorf, 1824-1914) やゴールドスタイン (Eugen Goldstein, 1850-1930) らも研究を行い，このビームを「陰極線」と名付けた．1870 年代から 1890 年代にかけて，陰極線の正体についての論争が始まった．

それは，光のときと同じ問いであった．それは波なのか，それとも粒子なのか？ クルックス (William Crookes, 1832-1919) をはじめとする英国の研究者たちは粒子説をとり，ヘルツやゴールドスタインなどのドイツの物理学者は波動説を信じた．17 世紀から 19 世紀にかけての光の本質についての長い論争とは対照的に，陰極線の正体は 1897 年英国のトムソンによってまもなく明らかにされた．陰極線の磁場と電場に対する応答を調べ，その質量を測ることに成功した．それは，まだその当時認められていなかった原子よりも小さな値だった．こうして，陰極線の正体は粒子の流れであることが判明した．この粒子が後に「電子」と名付けられた素粒子だ．

原子の実在は，19 世紀のボルツマンによる熱統計力学により強く示唆されていたが，保守的な物理学の権威者たちは目に見えない原子の存在をなかなか認めなかった．原子よりも小さな電子の方が先に見つかってしまったのは，皮肉な感じがする．原子の存在が認められるのは，20 世紀に入ってからのことだ．

こうして，陰極線のみならず，電流の本質は，無数の素粒子「電子」の流れであることがわかった．電子はマイナスの電荷を持ち，0.5 MeV という極小の質量をもっていることもわかった．

トムソンは，電子は原子の構成要素だと考えた．このアイデアは正しかったが，原子の構造についての考えはまちがっていた．プラムプディング模型と呼ばれるその理論では，原子が果実入りのスポンジケーキ（イギリスではこれをクリスマスプディングとも呼ぶ）のような構造をもっている（「プラム」というのはスモモのことだが，クリスマスプディングにはなぜかスモモは入っていない．干しぶどうとか，林檎が入っている）．果実が電子に対応し，それがプラスの電気をもった「プリン」に埋め込まれていると考えた．これに対し，日本の長岡半太郎 (1865-1950) は「土星型模型」を提唱した．電子が輪を描いて，中心のプラスの電荷をもった原子核の周りを回っているという原子模型

だ．しかし，回転する電子は電磁波を放射して減衰して原子核へ落ち込んでしまうため，この模型では原子は生成されるやいなやつぶれてしまうだろうと多くの物理学者は考え，このアイデアを却下していた．しかし，20世紀に提唱されたボーアの原子模型は長岡の土星型模型によく似ていた．ただし，それには革命的な「量子化」の概念が取り込まれており，原子がつぶれないための機構が採用されていた．原子については，また後で見ることにしよう．

5.2　相対性理論：質量エネルギー

エネルギーにはいろいろな形態がある．さまざまな形で蓄えられたエネルギーは形を変え，生々流転していく．

たとえば，多摩川に架かる橋の上からバンジージャンプする状況を考えよう．橋の欄干に立つA君は，地表を流れる多摩川の川底よりも高所にいるわけだから，明らかにエネルギーの高い状態にある．A君のもつエネルギーは，位置エネルギーと呼ばれる．A君が意を決して欄干から飛び降りたとする．安全ゴム紐がヒュルヒュルと伸びていき，A君の落下速度は増していく．このとき，A君のもっているエネルギーは運動エネルギーへと変わっている．高度が下がるたびに，失った分の位置エネルギーが運動エネルギーへと変わる．次に，ゴムの自然長を越えて落下すると，今度はゴムの縮む力がA君に働く．落下する方向の正反対の向きに働くゴムの力は，A君が地面に落下するのを防いでくれる．やがて，ゴムが伸びきって落下速度が次第に低下し，A君は一瞬ゴムに支えられて空中に静止する．このとき，A君のもっている運動エネルギーは0になり，そのエネルギーのほとんどは伸びたゴム紐のエネルギーに変わっている．伸びたゴムは縮もうとするから，A君は橋の方に向かって引っぱり返される．ゴムの伸びが減少するにつれ，位置エネルギーおよび運動エネルギーに再び戻っていく．ゴム紐の摩擦熱や空気抵抗によって，エネルギーの一部は環境に放出されてしまう．A君は橋の欄干まで戻ることはできず，途中で再び落下に転ずる．これを繰り返しながら，A君のもっている全エネルギーはどんどん減少し，最後はゴムが伸びきって，重力と釣り合った状態でA君は静止する．このように，エネルギーはさまざまな現象を通し

て，多様な形態へと変化していく．

上の例で考えたのは，おもに力学エネルギーとか熱エネルギーといったタイプのエネルギーだ．力学エネルギーは，ニュートンが天体の運動を考える際に考案した重力理論と力学の原理で取り扱うタイプのエネルギーで，物理学に最初に登場したエネルギー形態といえる．摩擦熱などの熱エネルギーは，熱力学で考慮されたエネルギーで，産業革命で必要になった精錬や蒸気機関の研究がもとになって理解が進んだ．このように，古くから認知され理解されていたエネルギーもあれば，20世紀になるまで見つからなかったエネルギーの形態もある．核エネルギーだ．

実は，核エネルギーの本質は質量エネルギーと呼ばれるタイプのエネルギーで，質量自体がエネルギーであるという，20世紀の初頭になされた新しい理論に基づいている．この理論こそが，アインシュタインの相対性理論だ．アインシュタインの相対性理論に基づくと，質量とエネルギーは次の式で関係づけられる．

$$E = mc^2 \tag{5.1}$$

ここで，E はエネルギー，m が質量，そして c が光速である．この式は世界でもっとも有名な公式といわれるが，それには理由がいくつかある．

その1つが，核エネルギーの解放である．その「工学的応用」の一例は核爆弾であり，その基本原理はこの式にある．原子核のもつ質量エネルギーを熱エネルギーや放射線エネルギーに変換することで，人を殺傷し，街を破壊するというのが原子爆弾の機能だ．原子力発電も，質量エネルギーを熱エネルギーに変換することで作動している．核兵器と異なり，原子力発電は核エネルギーの「平和利用」だという主張がある．しかし，原子力発電では，余剰の放射線エネルギーによる被曝や放射能廃棄物による汚染など，厄介な副産物がたくさんあることを忘れてはならない．福島の事故でわかったように，事故が起きるとこれらの副産物は長年にわたって人間の社会を脅かす．人間が質量エネルギーを使いこなす文明レベルに到達しているかと問われれば，それは否と答えざるをえないだろう．核爆弾も原発の事故も，科学の生んだ負の遺産になろうとしている．

しかし，宇宙の歴史において質量エネルギーは重要なエネルギー形態であり，宇宙を形作る際に欠かすことのできない存在だ．たとえば，太陽のエネルギーは，水素やヘリウムの核融合によってつくられているが，それも根っこにあるのは質量エネルギーだ．地球上のすべての生物は，太陽のエネルギーの恩恵を受けて生存することができる．また，原子力発電の次のエネルギー源として有望視されている太陽光発電も，結局は質量エネルギーを電気エネルギーに変換して利用する．太陽を100億年も光らせておくことができる質量エネルギーは，わずかな量の原料から莫大なエネルギーを生成することができる．しかし，それは裏を返せば，莫大すぎてまだ人間の手には余る側面がある．しかし，その莫大なエネルギーは，宇宙自体を形作るときにどうしても必要なエネルギー形態だ．なぜなら，宇宙の最初ビッグバンは，今あるすべてのものが1点に収縮された，高密度かつ高温の「火の玉」状態だったからだ．光しかなかった宇宙にどうして物質が現れたのかという深い問題は，質量エネルギーを通して考えないと，解くことはできないのである．

5.3 量子力学の完成

20世紀の初頭には微小な粒子の従う運動が，17世紀に完成したニュートンの力学では記述できないことが明らかになりはじめた．電子が発見され，原子の存在が認められるなど，ミクロの世界に人間の目がようやく向き始めた結果，ニュートン力学の限界が認識された．

そんななか，ドブロイが発見した粒子と波動の二重性に触発されて，オーストリアのシュレディンガーは，すべての粒子の運動を「波動」で書き表そうと考えた．ニュートンが完成させた力学の方程式を出発点とし，そこに量子化の概念を革新的な方法で刷り込んでいき，ついに「シュレディンガーの波動方程式」と現在呼ばれている，量子力学の基本方程式を1926年に発表した．この方程式を解いて得られるのが，波動関数と呼ばれるものだ．たとえば，ニュートン力学において自由に動く粒子の方程式に相当するものを考えよう．これを波動方程式に「変換」して，それを解くと，得られる波動関数は振動する「波」となる（より正確には三角関数）．シュレディンガーは，この「波」としての波動

関数が実在し，物質波そのものだと考えた．

しかし，それはまちがっていることがすぐに明らかになった．じつは，波動関数の 2 乗が「確率」として唯一現実世界と結びついている量だった．波動関数自体はこの世には存在しない（あるいは存在しているとしても，人間はそれを検知できない）．この波動関数の正しい物理的解釈を与えたのは，ドイツのボルン (Max Born, 1882-1970) だ．ところが，この確率解釈というのは，ニュートン以来の因果律の考え方と相容れないものだったため，とくに古い世代の物理学者から反発を受けた．因果律というのは，初期条件がわかれば，その事象の未来も過去も計算すれば 100% の確率で何がおきるか予見できる，という原理のことだ．量子力学の確率解釈の否定論者として有名なのはアインシュタインだ．彼は「神はサイコロを振らず」といって一生確率解釈を認めなかった．アインシュタインは，光子の導入による光電効果の説明など，量子力学の基礎に大きな寄与をもたらしたにもかかわらず，量子力学の最後の部分がどうしても受け入れられなかった．

さて，シュレディンガーがつくった量子力学はその特徴から「波動力学」と呼ばれていたが，じつは量子力学を最初に完成させたのは，ドイツのハイゼンベルグ (Werner Heisenberg, 1901-1976) だった．シュレディンガーの波動力学が発表される前年の 1925 年のことだ．彼のつくった量子力学の理論は，当時まだ広く知られていなかった高度な数学（ベクトルや行列を扱う線形代数という数学）を使って記述されていた．ハイゼンベルグの量子力学理論は「行列力学」と呼ばれる．その論文の内容は難解であり，そこから導かれる結果や仮定される条件も日常からかけ離れたものが多く，保守的な物理学者には認めてもらえなかった．とくに有名なものに，ハイゼンベルグの不確定性原理というものがある．粒子の位置と運動量（速度）を同時に測定することは不可能だとする原理だ．これを聞いた物理実験家の多くはひどく憤慨したらしいが，現在ではハイゼンベルグの方が正しいことになっている．また，数学の技巧で記述された物理の理論ということで，古株の物理学者たちはハイゼンベルグの行列力学に嫌悪感を示したものも多い．その代表がアインシュタインだった．一方，シュレディンガーの波動力学が発表されたとき，それは「波」という物理学者がよく馴染んだ概念をつかって構築されていたので，多くの物理学者たち

第 5 章　光から素粒子をつくる：物質の創成　　　　　　　　　　　　141

は喜んだ．確率解釈が登場するまでは，アインシュタインはシュレディンガーをとても褒めたといわれる．しかし，波動力学と行列力学の関係ははっきりはわかっていなかった．

　シュレディンガーもボルンも，ナチスドイツに追われたため，国を捨てて亡命する．両者ともに，最初はイングランドに向かうが，シュレディンガーはオックスフォードからアイルランドに，ボルンはケンブリッジからスコットランドへと移民した．また，アインシュタインがアメリカへ亡命したのは有名だ．一方，ハイゼンベルグはナチスのドイツに残る．アインシュタインが恐れたのは，ハイゼンベルグの率いる研究グループが原子爆弾を完成させることだった．そこで，アインシュタインはアメリカ大統領に手紙を書き，ハイゼンベルグが原爆を完成させる前にアメリカが原爆をつくってドイツを打ち負かす必要があると主張した．ハイゼンベルグは，戦争中一度だけドイツを離れたことがある．量子力学の基礎をつくったデンマークのボーア (Niels Bohr, 1885-1962) に原爆開発の是非を相談するためだったといわれる．ナチスは結局原爆を開発できなかったが，ハイゼンベルグが開発を拒んだからだともいわれている．しかし，その真相は闇に包まれたままだ．原爆は，ナチスドイツとは関係のない，日本の広島と長崎に落とされた．それは，つくってしまった兵器の性能実験だったと考えられている．

　さて，2つのバージョンの量子力学を，数学的に，より洗練されたやり方で統一し，両者が完全に等価であることを示したのが英国のディラック (Paul A. M. Dirac, 1902-1984) だった．ディラックはケンブリッジ大学のセントジョーンズカレッジの出身だ（ここは，ニュートンやマクスウェルのいたトリニティカレッジのすぐ隣にあるライバル校）．1925年の秋，学生だったディラックは指導教官からハイゼンベルグ論文の出版前の校正刷りのコピーをもらっていた．宿題として出されたこの論文を読んではみたが，最初はあまり興味をもたなかった．しかし，1週間ほど経ってから2度目の読みこみをしてみたところ，このハイゼンベルグの論文が革命的な内容を含んでいることに気がついたのだった（本や論文というものは，少なくとも2回は繰り返して読まないと，深い理解には到達できないということだ）．それからは，行列力学を理解するために勉強に没頭する毎日を送った．その内容は非常に興味深いものだった

図 5.2: Footpath の標識．英国中部のコッツウォールド (Cotswold) にて．（筆者撮影）

が，しかし，ハイゼンベルグの論文で使われる数学が難解すぎること，アインシュタインの相対論を無視していることなど，気にいらない点もいろいろとあった．ディラックはそれまでやっていた研究をやめ，すぐに行列力学（量子力学）に研究テーマを変更した．

ディラックはもの静かな性格で，無駄話はいっさいしなかった．スイスから英国に移民した彼の父親は，英国で生まれ育った子どもたちに家庭内ではフランス語でしゃべることを強要したという．自分の気持ちをフランス語ではうまく伝えられないと感じたディラックが思わず英語でしゃべってしまうと，ひどい「しつけ」を受けた．これが繰り返されるうちに，殴られるよりは，何もしゃべらない方がまし，と感じた彼は口を閉ざしてしまった．一方，父親の厳しい教育に耐えられなかったディラックの兄は自殺している．

ディラックの趣味は散歩だった．イギリスには自然がよく残されていて，たいていの街には Footpath という，国が管理する散歩道が整備されている．ケンブリッジの町も自然はたくさん残っていて，すばらしい散歩道があちこちにある．

1925 年当時，突如ドイツで誕生した難解な行列力学を，よりわかりやすい方法で定式化しようと，ディラックは思考の限界に挑戦する日々を過ごしていた．そこで，日曜日は長い散歩に出て自然に心身を浸してリラックスし，次の月曜からまた始まる厳しい研究活動のために英気を養う習慣だった．ある日曜

第 5 章　光から素粒子をつくる：物質の創成　　　　　　　　　　　　143

日，ディラックはいつものように長い散歩に出かけた．このとき，彼は量子力学の交換関係で悩んでいた（下の式5.2参照）．ディラックの方法は，ハイゼンベルグの方法と異なり，今までの理論とはまったく違う新しいものを使って定式化するのではなく，古典的な物理学のアイデアを利用して，量子力学とつないで理論を構築するアプローチだった．しかし，なんとしてもうまくいかなかったのが，ハイゼンベルグの持ち込んだ交換関係という行列力学特有の概念だった．

たとえば，位置に対応する行列を X，運動量（速度に関係する物理量）に対応する行列を P とすると，この2つの行列のかけ算は交換しないというものだ．数式で書くと，

$$XP \neq PX \quad あるいは \quad XP - PX \neq 0 \qquad (5.2)$$

となる．力学の古典論ではすべての量が交換するので，こんなことをそもそも考える必要はない．量子力学の「非可換」に対応する概念は，古典力学にはないように思われ，ディラックは苦心していたのだった．ところがこの日，何の拍子か，昔読んだ力学の本にあったポワソン括弧という概念を突然思い出した．習った当初はその必要性がわからず，頭から消えてしまっていたのだった．それが，ふと今になって頭に浮かび，とても気になって仕方ない．慌てて散歩から戻り，学生時代に出席したとき取った講義ノートをいろいろとめくってみたが，ポワソン括弧についてのメモはまったく見当たらなかった．「定義だけでも確認したい！」とジリジリした気持ちにさいなまれたが，日曜の晩では大学の図書館は全部閉まっている．しかたなく，翌日の朝まで眠れぬ夜を過ごすことになった．翌朝一番に図書館へ行き，難解な古典力学の教科書 (Whittaker の解析力学) を開いてみると，ポワソン括弧は見事に量子力学における交換関係そっくりの数学的構造をしていたのだった！　このような努力を積み重ね，ディラックはついに量子古典対応による量子力学の定式化に成功する．そして，ハイゼンベルグの行列力学とシュレディンガーの波動力学は等価な理論であることが明確に示された．

量子力学の成立に携わった上記の物理学者たちは，いずれもノーベル物理学賞を受賞している．ハイゼンベルグは1932年，シュレディンガーとディラッ

クは 1933 年に，ボルンは 1954 年に受賞している．ちなみに，ボーアとアインシュタインは，それぞれ 1922 年および 1921 年に受賞している．この 2 人は，量子力学の確率解釈をめぐって激しくやりあったライバルだった．ボーアの量子力学に関する「非古典力学的な側面」は，コペンハーゲン解釈と呼ばれ，その正当性については現在も議論が続いている．

5.4 反電子：相対論的量子力学

ハイゼンベルグ，シュレディンガー，そしてディラックが作り出した量子力学は，通常の運動速度，正確にいえば光速よりもずっと遅い速度で運動するミクロな粒子に対して適用された．ということは，光の速さに匹敵するようなスピードで運動する粒子には適さない理論だった．光速に近い速さで運動する物質は相対性理論に従う．すなわち，最初につくられた量子力学は非相対論的，あるいは古典力学的な運動学に従う「新しい理論」だった．しかし，相対論的な運動学に従う量子力学の方が，より正確であることは明らかだった．そのことは発案者たち自身がよくわかっていた．じつは，シュレディンガーは相対論的な方程式を導こうとしたのだが，確率解釈がうまく導入できず，定式化を断念していた．この相対論的量子力学の基礎方程式はクラインゴルドン方程式と現在は呼ばれていて，電磁場の量子化状態，すなわち光子の記述に使えることがわかっている．しかし，それは，電子の相対論的量子力学には使えない．

オリジナルの（すなわち非相対論的な）量子力学を定式化することに成功したディラックだったが，彼も相対論的量子力学の構築がなされて初めてすべてが完成すると考えていた．前にも書いたが，そもそもディラックはアインシュタインの相対性理論の研究を行っていた．その分，自分の構築した量子力学をなんとかして相対性理論と統合できないか，アイデアを探っていた．このような試みを多くの物理学者が行ったが，そのすべてが徒労に終わっていた．ディラックが，アインシュタインの相対性理論に心を奪われたのは，光速不変の原理という，たった 1 つの原理から理論のすべてが出発しているからだった．相対論的量子力学の構築にあたって，ディラックもアインシュタインと同じように，少数の原理から出発することを心がけた．方程式の対称性といくつかの

第5章 光から素粒子をつくる: 物質の創成

数学的な論理に全神経を集中し,現象論はすべて取り去ることにした.多くの物理学者が現象論から出発して失敗していたのは,現実の現象という「偏見」に捕われすぎて,まだ目にしたことのない新しい真理を想像することができなかったからだ.数学的論理や少数の原理に執着したディラックには,このような偏見は心に巣くっていなかった.そして,それが成功へと彼を導く.

1928年,2年間の苦労を重ねた末に,ディラックはついに相対論的量子力学の基本方程式を発見する.現在ディラック方程式と呼ばれるその方程式は,「波動関数」に対応するのが4次元ベクトル（ディラックスピノルという）だった.この想像を絶した理論に世界中の物理学者が驚いた.ディラックは自分の方程式を注意深く吟味して,電子の運動が光速よりもずっと小さい場合は,ディラック方程式はシュレディンガー方程式などの従来の量子力学に帰着することを確認していた.また電子スピンの起源なども,相対論と量子論を結びつけることで,自然な説明が得られることを指摘した.

しかし,人々の驚きはそこで止まらなかった.ディラックは自分の方程式を注意深く分析すると,通常の電子に関する情報だけでなく,電子の反粒子,すなわち陽電子の情報も出てくることにも気づいた.つまり,ディラックの相対論的量子力学が正しければ,この宇宙には物質と反物質が同じ割合で含まれている,ということを意味していた.この奇妙な結論である「反粒子の存在」を,世界中の物理学者は最初は否定した.しかし,1932年,アメリカの実験家アンダーソン (Carl D. Anderson, 1905-1991) が,ディラックの予言通りに陽電子を発見すると,状況は一変した.アンダーソンはこの発見のわずか4年後の1936年にノーベル物理学賞を受賞したというから,いかに世界の物理学者が反物質の発見に驚き,尊敬の念をもったかわかるだろう.しかし,ディラックは二度目のノーベル賞受賞とはならなかった.

ディラック方程式を満たす素粒子は電子である.しかし,反電子（つまり陽電子）もディラック方程式の解となる.電子と陽電子はまったく同じ質量をもつ.しかし,その電荷が正反対だ.電子は -1 の電荷をもつのに対し,陽電子は $+1$ の電荷をもつ.質量が同じということは,電子も陽電子も 0.5 MeV の質量があるから,あわせて 1 MeV の質量エネルギーに相当する.また,電子と陽電子の電荷を足すと ± 0 となる.このことは,宇宙の物質生成に大きな

意味をもつ．次にそれを見てみよう．

5.5 光子による電子—反電子の対生成と対消滅

これまでに見てきた素粒子，電子 (e^-) と光子 (γ) についてまとめてみよう．光子の質量は厳密に 0 だ．一方の電子は 10^{-31} kg(0.5 MeV) と 0 にかぎりなく近いほど軽いが，0 ではない．電荷について見てみると，光子が中性（± 0）に対して，電子は -1 だ．この 2 つの粒子に加え，反電子（陽電子；e^+）を考えよう．反電子と電子の質量は厳密に等しい．しかし，反電子の電荷は $+1$ である．

ディラックの発見した反粒子の存在と，アインシュタインの質量公式を組み合わせると，次の式が可能になる．

$$\gamma + \gamma \leftrightarrow e^- + e^+ \tag{5.3}$$

あるいは日本語で書くと，

$$光子 + 光子 \leftrightarrow 電子 + 反電子 \tag{5.4}$$

となる．つまり，光子と光子の衝突によって，電子と反電子が生成されるということ，または電子と反電子が衝突すると光子に戻るということだ．これを電子と反電子のペア（対）の対生成および対消滅と呼ぶ．

電荷の観点からすると，中性の光子が，正電荷の反電子と負電荷の電子を作り出すのは，辻褄があっている．すなわち，$0 + 0 = +1 + (-1)$ だ．一方質量だけみると，光子は 0 なのに，電子と反電子の合計は約 1 MeV だ．虚無からなにかを作り出すことは不可能なはずなのに，これでいいのだろうか？ ここで，アインシュタインの質量公式が必要になる．質量公式によると，質量はエネルギーと等価だった．光子は，波長の逆数に比例したエネルギーをもっている．この光のエネルギーを質量エネルギーに転換することは原理的に可能だ．つまり，1 MeV のエネルギーに相当する短い波長をもった光子が 2 つ衝突すると，電子と反電子を対生成することが可能ということだ．この質量エネルギーを生み出すためには，光子の波長はおおよそ 10^{-12} メートルつまり 1

ピコメートルでなくてはならない．これは可視光の波長のおおよそ10万分の1だ．これだけ短い波長をもった光は，ガンマ線（放射線）に分類される．また，このγ線にピークをもつ黒体輻射を考えると，その温度はおよそ60億度に相当する．つまり，宇宙の温度が60億度のとき，光子（ガンマ線）同士が衝突すると，電子と反電子の対生成が可能だったということだ．これが物質創成の第一歩にほかならない．

5.6 光子から素粒子をつくる

ビッグバンにより誕生したばかりの宇宙は高温高密度の光の球だった．波長の短い無数の光子は，極小の宇宙のなかで衝突して電子と反電子の対生成を起こした．同じように，より質量の大きな素粒子も，高エネルギーの光子同士の衝突によって誕生することができた．ただし，その素粒子とそれに対応する「反素粒子」のペアとして．

たとえば，水素の原子核である陽子 (p) と反陽子 ($\bar{p}$) のペアは，

$$\gamma + \gamma \leftrightarrow p + \bar{p} \quad \text{あるいは} \quad 光子 + 光子 \leftrightarrow 陽子 + 反陽子 \tag{5.5}$$

というプロセスで生成された．電子反電子の場合と同じように，陽子と反陽子の質量は厳密に等しいが，その電荷は正反対で，陽子は $+1$ の正電荷，反陽子は -1 の負電荷をもっている．陽子の質量エネルギーはおおよそ 1 GeV (1000 MeV) なので，電子と反電子の場合よりも，波長の短いガンマ線同士の衝突が必要となる．それは，「温度」にすると 10 兆度強に相当する．

陽子と電子を比較するとわかるように，より重い素粒子ほど高温の宇宙環境が必要になる．それは，衝突する光子のエネルギーが，作り出す素粒子の質量エネルギーに匹敵する値でなくてはならないからだ．宇宙は膨張しているため，光子の波長はドップラー効果によってどんどん伸びる．つまり，光子の平均エネルギーはどんどん低下し，宇宙の温度は低下していく．陽子反陽子の作り出せるのは10兆度以上の宇宙においてのみだから，100億度に宇宙温度が低下したときは，その宇宙で典型的な波長をもった光子がぶつかり合っても，もう陽子と反陽子を対生成することはできなくなっている．ただし，そこでは

電子反電子の対生成はさかんに行われている．このように，宇宙が高温であればあるほど，宇宙に存在する素粒子と反素粒子の種類は豊富で，重い粒子とその反粒子も存在することができる．

　しかし，よく考えると，これでは宇宙の構成物が，等量の「物質」と「反物質」ということになり，低温になればなるほど多様性の少ない宇宙になってしまう．とりわけ，60億度以下の低温になった宇宙は，最軽量の電子反電子のペアすらつくることができず，波長の長い光子が飛び回るだけの，「つまらない」状態になってしまうだろう．これは，私たちのよく知っている宇宙の姿ではない．この宇宙には「反物質」はなく，「物質」にあふれた世界とならなくてはならない．物質と反物質が接触すると大爆発を起こして，光の粒に戻ってしまうはずなのに，どうして物質だけが生き残ることができたのだろう？

　もし織り姫が物質起源の生命体で，彦星が反物質起源の生命体だったらどうだろう？　7月7日の，年に一度の2人の逢瀬は，宇宙の大爆発の日と化してしまう．何しろ，極小の電子と反電子が1組触れ合っただけでも，60億度相当の大爆発になるわけだから．

　つまり，宇宙が物質だけを含んだ今の宇宙になるには，反物質だけに消えてもらわなくてはならない．しかし，そんなことは可能なんだろうか？

5.7　光の世界から物質の世界へ：消えた反物質

　単位体積当たりの光子の数は，量子力学と統計力学を使うと計算することができる．また，宇宙の物質密度は天体観測によりおおよその値を測ることができる．この2つを組み合わせると，現在宇宙にある素粒子（陽子など）1つに対し，光子は約10億個あることが知られている．この比率が意味することは，たとえば，陽子と反陽子が衝突したとき，ほとんどの場合は対消滅が発生して光子が作り出される（式5.5参照）ということだ．しかし，裏を返せば，無視できるようなほんのわずかな確率だが，対消滅は発生せず反陽子が消えてしまって陽子だけが残るという不思議な事象も稀に起きるということでもある．前向きに捉えれば，対消滅して光子が生まれる素過程は「すばらしい精度」で実現されるということになるだろうが，悪くとれば，わずか

0.00000001%の割合とはいえ，それが「失敗」することもあるということだ．この宇宙にある「物質」は，この無視できるほどの小さな確率のお陰で，対消滅を免れて生き残っている．逆に，まだ知られていない理由により，大量の反物質が消えてどこかにいってしまった．

では，「無視できる」ほどのわずかな確率とはいえ，なぜ粒子と反粒子がぶつかっても対消滅が生じないという，そんなむちゃくちゃなことが可能なのか？　じつは，この問いに現代の物理学は答えられない．いくつかのアイデアはあるが，それはまだ実験によって確認されていないし，理論家の間でもコンセンサスが得られた理論はない．ここでは，現在もっとも有望だと思われている説について簡単に述べておくに停める．

まず，この宇宙に存在する4つの力について復習しておこう．第2章で見たのは，星の運動や地球の運動を制御する重力だ．次に見たのは，第4章の「光」が伝える電磁気力だ．重力と電磁気力は，同じ逆二乗則に従う「力」だが，電磁気の方が圧倒的に強い．また，重力は質量が正，つまりプラスの質量しかないが，電磁気には正負2種類の電荷がある．その結果，重力は引力しかないが，電磁気力には引力と斥力の2種類が存在する．次に見たのが，第5章で少し触れた（質量エネルギーのところ）核力だ．核力は，先の2つの力と異なり，逆二乗則には従わない．逆二乗則に従う力というのは，その到達距離が無限大なので，たとえば宇宙の果てから果てまで星々は引っ張り合ったりすることになる．しかし，核力の到達距離は有限で，しかもとても小さい．その到達範囲は原子核の大きさ程度だ．原子核が大きくなりすぎると放射能をもってしまう理由は，スーパーのセールでよくやる，にんじんの詰め放題キャンペーンみたいなものだ．無理してたくさんの素粒子（陽子と中性子）を原子核にくっつけると，核力は表面近辺の素粒子を抱えきれなくなって，ぽろぽろと取りこぼしてしまうというわけだ．このときとりこぼして，転がっていってしまった粒子が放射線に対応する．このような核力は，より正確には「強い核力」と呼ばれる．強い核力の正体を最初に言い当てたのが湯川秀樹 (1907-1981) だ．この研究により，湯川は日本人として初めてノーベル賞を受賞した．戦後直後の1949年，今からわずか60年ほど前のことにすぎない．一方，核力にはもう1種類あることが知られている．それは「弱い核力」

という核力で，ベータ崩壊などを引き起こす．ベータ崩壊というのは，中性子が陽子に変わる反応であり，その結果としてベータ線とニュートリノを放出する．

　弱い核力というのは，今まであまり馴染みのない力だったかもしれない．しかし，2011年3月に起きた福島第一原発の事故により，この弱い核力は日本人に（幸か不幸か）日常的に「身近な」ものとなってしまった．たとえば，福島の原発より東日本の広い範囲にまき散らされたセシウム137という原子核は，55個の陽子と82個の中性子が結合して構成されている．しかし，その存在は不安定で，半減期30年でベータ崩壊してしまう．その際，中性子の1つが陽子に変わる．ベータ崩壊したセシウム137は，56個の陽子と81個の中性子からなる原子核へと変貌する．この原子核はバリウム137と呼ばれる．セシウム137がベータ崩壊するとき，ベータ線（とニュートリノ）を放射線として放出するが，バリウム137に変わった直後にガンマ線も放出する．食物がセシウム137に汚染され，それを人間が摂取すると，このベータ線とガンマ線が内臓の組織や細胞の遺伝子に傷をつけ（内部被曝という），健康を害することがある．

　以上より，宇宙に存在する4つの力というのは，重力，電磁気力，強い核力，そして弱い核力だ．この4つの力のうち，重力，電磁気力，強い核力というのは，この世の中に存在する種々の対称性を破るのを嫌う．とくに，パリティ対称性，時間反転対称性，そして粒子反粒子交換対称性（荷電対称性ともいう）の3つの対称性をよく保持する．たとえば，重力に従って運動する粒子に対し，時間を反転させることができるとする．反転して生じた新しい運動は，力学的に可能な運動で，現実に観測することができるということだ．たとえば，太陽の周りを地球が時計回りにまわっても，反時計回りにまわっても，それは力学的に両者とも許される運動だ．電磁気力や強い核力も同じ性質をもつ．しかし，弱い核力だけは例外で，この力はパリティ対称性を破ってしまう．パリティ対称性とは，方向の反転に関する対称性のことで，わかりやすい例としては，鏡のなかの世界とこの世界との関係が挙げられる（厳密にいえば，これは鏡映対称性という．鏡の世界では右と左が交換するだけだが，パリティ変換では右左だけでなく，上下および前後の方向も交換する必要がある）．

第5章 光から素粒子をつくる: 物質の創成　　　　151

　鏡のなかの世界でも，この世と同じように星は周り，雷は落ち，そして原子爆弾が炸裂する，というのが，重力，電磁気力，そして強い核力はパリティ対称性を破らない，という意味だ．しかし，弱い相互作用で起きる現象，たとえばベータ崩壊は，鏡の世界とこの世では様子が異なる．これは，右利きの人の方が左利きの人より多いという事実に似ている．生まれた瞬間は，右も左も機能的には区別はないはずだから，右利きと左利きの人口は五分五分であった方が不思議ではないような気がする．なぜか人間は右利きになる確率が多い．ここでは，「対称性」が破れている．

　じつは，「鏡のなかの世界」がこの世と違うということがはっきりしたのは，今からほんの半世紀ほど前にすぎない．この研究では3人の中国人が重要な役割を果たした．1956年，李 (T. D. Lee, 1926-) と楊 (C. N. Yang, 1922-) は弱い核力はパリティ対称性を破る可能性を理論的に示唆した．翌年，これを巧みな実験技術によって実証したのは呉 (C. S. Wu, 1912-1997) だ．パリティ対称性は自然界における基本的な対称性だと思われていただけに，それが破れるプロセスがあるとわかり，物理学者は非常にショックを受けた（ちなみに呉は女性で，東洋のキュリー夫人と呼ばれた．李と楊はノーベル賞を1957年に受賞しているが，呉はなぜか受賞できなかった）．

　さらなるショックが1964年にやってきた．粒子と反粒子を交換する変換に対する対称性を荷電共役対称性という．これはいってみれば，粒子でできた世界も反粒子でできた世界も同じ物理法則に従うということだ．ところが，アメリカのクローニン (James W. Cronin, 1931-) とフィッチ (Val Logsdon Fitch, 1923-) によって，弱い核力は荷電共役対称性 (C) とパリティ対称性 (P) を組み合わせた「CP対称性」をも破っていることが発見された．これをCPバイオレーションという．この業績により，両者は1980年のノーベル物理学賞が授けられた．反物質の大勢が宇宙から姿を消し，物質だけの世界が光からつくられたのは，CPバイオレーションが大きな原因となっているのではないかと考える物理学者が多い．しかし，その詳細なメカニズムはわかっていない．

　いずれの理由にせよ，現在の宇宙には，陽子や中性子といった「物質」の素粒子1個に対して，約10億個の光子（輻射の素粒子）が存在している（一方，初期の宇宙では，電子と陽電子に関して対消滅と対生成の平衡状態となっ

ていて，光子と同じ数だけ存在していたと考えてよい．その質量の小ささも考慮すれば，超高温の宇宙においては，電子と陽電子のペアは光の輻射と同等であるとみなすことができた）．宇宙の膨張などの要因によって，平衡状態から抜け出した光子は，宇宙の彼方に飛び散ってしまった．逆に，物質の素粒子は重力で引かれ集結し，電子を取り込んで原子を形成していく．それはさらに星や銀河の形成へとつながっていく．こうして，宇宙は「光る宇宙」から「物質の宇宙」へと変遷していった．

5.8 物質の三分間クッキング

宇宙が誕生して 0.01 秒より前に，物質の素粒子である陽子と中性子ができあがる．「できあがる」というのは，陽子と反陽子，あるいは中性子と反中性子による対消滅によって，光子に逆戻りするプロセスがなくなるという意味だ．

宇宙が小さく超高温の時代は，素粒子と反素粒子の対生成と対消滅が平衡状態となり，素粒子と反素粒子はつくられては壊され，壊されてはつくられる．すなわち，

$$\text{光子} + \text{光子} \longleftrightarrow \text{素粒子} + \text{反素粒子} \quad (\text{平衡状態}) \tag{5.6}$$

という状態となる．このときの宇宙の温度は 10 兆度以上あり，それは宇宙を満たす光子の平均エネルギーが，素粒子と反粒子の総質量がもつ質量エネルギーよりも大きな状態に相当する．したがって，「光」から「物質」をつくることが可能だ．陽子の質量は約 938Mev，中性子の質量は約 939 MeV で，これらの素粒子の粒子反粒子対の総質量エネルギーに対応する温度はそれぞれ 10 兆 8800 億度と 10 兆 9030 億度だ．このような温度を対生成対消滅のための「しきい値温度」という．対生成／対消滅が起きるための限界温度という意味だ（「しきい」は敷居という意味で，区切りということ）．

宇宙が膨張を続け，温度が低下してくると，しきい値温度を下回る．最初に中性と反中性子の対生成が止まる．一方，対消滅は止まらない．ただし，対消滅してつくられる光子のエネルギーはドップラー効果によって波長が長くなっ

第5章 光から素粒子をつくる: 物質の創成

てしまう．このような光子同士が衝突しても，しきい値に届かないため，対生成は起きない．したがって，しきい値温度以下では，中性子と反中性子は宇宙から消えてなくなってしまうはずだ．しかし，前述したいまだに現代物理学が知りえないなんらかの理由によって，反中性子だけが10億分の1の割合で消滅する．つまり，波長の伸びた「低エネルギー」の光子10億個に対し，1個の中性子が生き残ることとなる．中性子に次いで，陽子と反陽子の対消滅が止まる．同様に，ほとんどの陽子と反陽子は消えてなくなり，より長波長の光子へと戻っていく．そして，10億分の1の割合で陽子がわずかに生き残る．

ビッグバンから0.01秒経ったとき，宇宙の温度は1000億度にまで冷えている．したがって，このときの光子の平均エネルギーでは，陽子と中性子を作り出すことはもうできない．物質で形作られる宇宙の未来は，このとき生き残った陽子と中性子の数だけでつくられることになる．その数は，おそらくCPバイオレーションを引き起こす弱い核力の性質によって決まったものであろうと現代物理学は予想している．

この段階で，陽子と中性子の数は同じだ．しかし，中性子がほんのわずかだけ陽子よりも質量が大きいことから，時間とともにその比に変化が生じ始める．質量が大きいということは，質量エネルギーが大きいという意味だから，不安定な状態と考えることができる．事実，中性子はベータ崩壊に対してとくに不安定だ（一方，陽子は永遠の寿命をもつ）．孤立した中性子（物理学では「自由な中性子」という）のベータ崩壊の平均寿命は約15分しかない．前節で簡単に触れたように，ベータ崩壊とは，中性子が陽子に崩壊する核反応だ．詳しく書くと次のようになる．

$$n \to p + e^- + \bar{\nu}_e \tag{5.7}$$

これを日本語で書くと

$$中性子 \to 陽子 + 電子 + 反ニュートリノ \tag{5.8}$$

となる．宇宙初期ではベータ崩壊の寿命はかなり短くなってしまう傾向がある．たとえば，ビッグバンから1秒経過した頃になると，陽子と中性子の割合は3:1となる．

ビッグバンから1秒経った宇宙の温度は100億度あり，これは電子と反電子の対生成にはまだ十分な高温だ（電子と反電子の対生成ためのしきい値は約60億度）．しかし，宇宙創成から15秒も経つと，ついにこの電子の対生成のしきい値温度を下回る．宇宙を飛び回る光子の平均エネルギーは，温度換算にして30億度程度にまで低下している．こうなると，光子同士が衝突しても，電子と反電子の対は作り出されなくなる．その結果，宇宙からは電子と反電子が次々と姿を消していく．しかし，またもや現代物理には未解明な機構によって，わずかに電子だけが生き残る．

　そして3分が過ぎる．この時点で宇宙の温度は10億度となる．太陽の中心部分が1億度だから，かなり「冷えて」きていることがわかるだろう．宇宙誕生と同時にお湯を注いだカップラーメンができあがる頃，いったい何が起きているかというと，じつは何も劇的なことは起きていない．宇宙の膨張によって波長が伸びて，エネルギーの下がった無数の光子の「スープ」のなかに，10億分の1の割合で加えられたスパイスとしての素粒子があるだけだ．これは「超薄味」のスープといえるだろう．

　宇宙はこの時点でかなり拡大し，次第に素粒子同士の衝突は少なくなり始めている．ただし，光子との衝突は依然として激しく生じていて，素粒子同士が結びついた複合粒子，すなわち原子核や原子の生成はいまだに発生していない．ただ，ベータ崩壊によって中性子の数だけがひたひたと減っているのみだ．陽子と中性子の数の割合は，大雑把にみて9：1にまで低下している．このままいくと，宇宙には陽子だけが残ってしまうことになる．それは，水素ガスのみから形成される世界が，宇宙の未来の姿となることを意味している．つまり，私たち人間の原材料である炭素や酸素，カルシウムや鉄といった重元素がつくられないということだ．ベータ崩壊を止めるための何かがまもなく起きないと，人間はおろか，他の生命も，地球自体も誕生しない「水素の世界」になってしまう．

　このような世界にならないために必要なことこそが，原子核の生成にほかならない．中性子は陽子と結びついて原子核になると，寿命が延び始める．しかも，核物理学の法則によれば，陽子と中性子の数が特定の組み合わせになっていれば，そのなかに含まれる中性子の寿命は無限大にまで伸びることがわかっ

ている．たとえば，ヘリウム4という原子核は，陽子2つと中性子2つが結合した複合粒子だが，そのなかに含まれる中性子の寿命は無限大だ．

原子核をつくるためには，原子核を結びつける力（強い核力）の方が，体当たりしてくる光子のエネルギーよりも強くなくてはならない．原子核の束縛エネルギーはおおよそ8 MeVであり，これに対応する温度はだいたい数十億度だ．しかし，陽子1つと中性子1つがくっついてできる原子核（これを重水素という）は，例外的に結合エネルギーが弱く，さらに温度を下げないと最初の原子核生成は始まらない．その温度が約9億度であり，宇宙生成時間にして3分と数秒経った時点のことだ．

強い核力に対しては「低温」になりつつあるこの時点の宇宙だが，核力よりも作用の弱い電磁気力に対してはまだまだ「高温」だ．つまり，原子核と電子はまだ結合できない．原子核は正電荷をもち，電子は負電荷をもつ．したがって，両者の結びつきは電磁気力によるものだが，光子のエネルギーが高いと，せっかく結びついた原子核と電子は，光子との衝突が起きる度に破壊されてしまう．これは「原子」がつくれないという意味でもある．

原子は，原子核と電子が結合したもので，現在私たちの周りにある物質を構成している．陽子や中性子といった素粒子や，重水素やヘリウム4といった原子核よりも，私たち人間にとっての「物質」とは，むしろ原子や分子であろう．したがって，宇宙の最初の3分では，星も銀河も，ましてや生命も存在することはできない．私たちがよく知っている世界にたどり着くためにはまだまだ時間がかかるのである．

第6章　複合粒子でつくる宇宙：原子と原子核

　ハンバーグ，オムレツ，チャーハン….　具材をみじん切りにする必要がある料理は結構ある．タマネギを細かくみじん切りしたハンバーグは，まとまりがよく滑らかでおいしい．では，どんどん細かく物質を切っていって，究極のみじん切りにしたらどうなるだろうか？　古代ギリシアの哲学者たちが気にしたのは，その結果ハンバーグの味がどうなるかではなく，はたしてこの「みじん切り」が永遠に続けられるかどうかという問題であった．古代ギリシアのデモクリトス (Demokritos, 460BC 頃-370BC 頃) は，物質のみじん切りには限界があり，「原子」という最小単位の物質以下には細切れにはできないだろうと考えた．しかし，目で見て「原子」を確認できない以上は，それは想像にすぎず，永遠に細かく切り続けることができるという説を信じる人たちを説き伏せることはできなかった．こうして，この論争は 20 世紀になるまで数千年も続くことになる．

　私たちがよく知っていてなじみのある宇宙の構成物は「物質」であり，それは究極的には原子や分子，さらにはそれより小さい原子核からなる．前に簡単に説明したように，原子も素粒子もさらに小さな素粒子の複合体だが，多粒子の組み合わせからくる複雑さは予想以上に複合体の性質を多様にし，思いもかけない現象が発現する．この章では，物質の構成要素の基本レベルである，原子と原子核について見てみることにしよう．宇宙がどんな「粒」からつくられているか知ることはとても大事だ．とりわけ，原子と原子核の違いを認識することは重要なことだ．

　英国にブラックプディング（黒プリン）という料理がある．英国の伝統料理の1つで，欧州各地にもこれに似た料理が多数見られる．ヨーロッパ文化の香りを匂わせる，気品ある料理かと思う人も多いだろう．しかし，料理教室で

ブラックプディングを皆でつくりましょうと誘われても，その材料がなんであるか知っていれば，大半の日本人は断るかもしれない．ブラックプディングの主材料は大量の豚の血だから．

6.1 原子と原子核

前に少し言及したが，原子は原子核と電子が結合したものだ．つまり，原子核の方が，原子よりも圧倒的に小さい．おおよそ原子核の大きさは 1 fm（フェルミ）のオーダー，すなわち 10^{-15} m 程度．一方，原子の大きさは 1Å（オングストローム），すなわち 10^{-10} m のオーダーだ．したがって，原子の方が，原子核より，およそ 10 万倍大きい計算となる．直径が約 10 センチのテニスボールを原子核だとすると，原子は直径 10 キロメートル程度の小惑星に相当する（山手線円周よりちょっと大きい感じ？）．

原子核は，陽子と中性子が結合したものだ．（ただし，水素の原子核だけは特別で，それは陽子そのものにほかならない．水素はもっとも軽い元素だ．）したがって，原子核の種類は，陽子と中性子の数によって決まる．たとえば，セシウム 137 は 55 個の陽子と 82 個の中性子からなる原子核であり，一方，セシウム 134 は 55 個の陽子と 79 個の中性子よりなる．元素というのは，陽子の数だけで決まるから，セシウム 137 とセシウム 134 とは同じ元素に属する．しかし，これらは異なる原子核だ．このような違いをアイソトープあるいは同位体という．たとえば，わずかに中性子が 3 つ異なるだけで，この 2 つのセシウム同位体のベータ崩壊の半減期は大きく異なる．セシウム 137 は 30 年であり，セシウム 134 は約 2 年だ．これは，原子核の性質は，中性子の数の違いによって大きな影響を受けるということのよい表れだろう．一方，化学物質としての性質，すなわち元素としての性質はセシウム 137 もセシウム 134 も変わらない．セシウムはアルカリ金属であり，同族のカリウムやナトリウムによく似た物性をもち，水と激しく反応する液体金属（常温付近）だ．化学反応によって活動が維持される生体では，セシウム同位体の振る舞いに違いは現れない．同じように吸収され，同じように循環し，同じように排泄される．しかし，そこから放出される放射線の量や強度はアイソトープごとにそれぞれ異

なる．化学反応（生体中も含む）では原子としての，放射能では原子核としての性質が効いてくる．

　原子と原子核は，文字で書くと非常に似たもののように思える．しかし，その性質や大きさはまったく異なり，完全に別物だ．この宇宙に生きているかぎりは，この相違点をよく理解しておく必要があるだろう．この章の導入にも書いたように，原子の概念が最初に人間の精神活動に現れたのは，紀元前の古代ギリシアの自然哲学においてだった．物質をこれ以上分けられない最小の単位として，仮想的なものとして原子（アトム）を考えた．しかし，その考えは一部の哲学者に知られていたのみだった．化学反応の研究が進んだ18世紀から19世紀には，仮説としての原子論は復活し，一定の進展を見せた．

　原子の概念が仮説ではなく，実在するものとして初めて真剣に議論したのが，19世紀のボルツマン (Ludwig Boltzmann, 1844-1906) の統計力学だ．統計力学の完成度は高い．現代の物理学でも利用されていて，最新の物理現象にも通用する考え方を多々含んでいる．それは，物質の塊を微小な原子の無数の集合として捉えるという，原子論に基礎がおかれている．

　ボルツマンはオーストリアのウィーンで生まれ，ウィーン大学やドイツのミュンヘン大学などで物理および数学の教授として活躍した．原子の存在を信じ，原子の実在を基礎にして統計力学を編み出した．しかし，その当時は原子はあくまで仮想的な存在だと考える人が大多数だった．そのため，存在を実証できないかぎりは現実のものと考えるべきではないとするマッハ (Ernst Mach, 1838-1916) らと，ボルツマンは鋭く対立した．マッハはウィーン大学での同僚であり，先輩であり，当時のドイツ語圏の科学界の権威だった．つまり，ボルツマンの原子論や統計力学は主流を外れた亜流であり，孤立学派だった．現代物理学では「王道中の王道」とみなされているボルツマンの統計力学は，19世紀後半の物理にはあまりに革新的すぎて，すぐには認められなかったのだった．一言で，この革新的なアイデアを説明するとしたら，それはこうなるだろう．「目に見えないミクロの世界を，どうやってマクロの世界とつなぐのか？」この問いに最初に答えたのが，ボルツマンの統計力学という新しい考え方だ，と．

　宇宙の初期を考えたときに出てきた「熱平衡」という概念は，じつは統計力

学の基本概念だ．また，熱平衡状態に付随して，温度という概念が定義できる．宇宙の温度は，熱平衡が続くかぎり想定できるというわけだ．統計力学の考え方に慣れ親しむには，まずは平衡と温度の定義について考えてみるのがよいだろう．

6.2 統計力学の考え方：平衡と温度

　まずは，平衡について考えよう．一言でいうと，平衡状態とは，局所的には変化していても，平均的には変化していない状態のことだ．わかりやすい例を使って平衡の概念を考えてみる．たとえば，川崎市の人口だ．

　川崎市の人口はどのくらいかと市役所の人に訪ねれば，「140万人」と答えが返ってくるだろう．この数字の意味は，川崎市の境に鉄条網をおき，道路という道路，水路という水路を封鎖して，川崎市民140万を一歩も市の外には出さないようにして，人数を数えたら140万人となった，という意味ではない．いつでもどこでも，勝手に人は川崎市に出入りできるし，転出も転入も自由だ．したがって短時間の内には川崎市の人口は増減する可能性はあるが，それは「140万人」の値の上下を細かく振動しているにすぎない．つまり，平均値としての人口が140万人ということだ．これは，1リットルの牛乳瓶の「1リットル」とは異なるタイプの数字だ．牛乳瓶のなかにある牛乳は勝手に出入りはしない．その内容量が，漏れ出す量と注入する量が釣り合った平均値だとしたら，この牛乳瓶の周辺は大変な状態となるだろう．この1リットルというのは牛乳瓶に閉じ込められた牛乳の厳密な保存量であって，平均値ではない．

　ある短い時間や局所的な空間においての変動はあるものの，その平均値が一定な状態を平衡状態という．平衡状態では，出るものと入るものの量が釣り合っているだけで，内容物が固定されているわけでない．したがって，牛乳瓶の内容量に関しては平衡状態とはいわないが，川崎市の人口がおおよそ140万人を維持しているとき，その人口は「平衡状態」にあるといってもよい．

　宇宙の初期を考察したときに登場した「熱平衡」というのは，ある物体に与えられるエネルギーの量と，その物体が放出するエネルギーの量が釣り合った

ような平衡状態のことだ．宇宙の初期には，光子は物質に衝突してなかなか遠くまで飛ぶことができなかった．このとき，ぶつかった光子が物質に与えるエネルギーと，ぶつかることで光子が物体からもらうエネルギーとが量において釣り合った状態となっていた．これが熱平衡だ．

平衡，あるいは熱平衡にある多粒子からなる「環境」（物理学ではシステムという）を遠くから眺めると，何事も変化していないように見える．しかし近づいて，その多粒子システムを拡大してみると，小さな粒子が出ていったと思ったら別のが入ってきたり，エネルギーを持ち込んだと思えば，運び去ったりするなど，激しい動的変化が生じている世界が浮かび上がってくる．いわば，動いているのに「静かな」状態が平衡だ．このような一見矛盾したように思えることがらを理解するには，マクロとミクロの立場をよく使い分けて現象を考える必要がある．この考え方がまさに統計力学の特徴だろう．

さらに統計力学の考え方になじむために，「温度」について考えてみる．温かい紅茶，寒い部屋，冷たい氷，熱い鉄板など，日常の生活において温度を気にした情景は無数にある．そして，温度というものを直感的に理解するのはそう難しくはない．しかし，その直感はマクロな物体に対する感覚であって，ミクロな観点から温度を理解するのは意外に難しい．たとえば，ミクロな立場から紅茶を見れば，それは無数の水分子や，お茶の成分である化学物質の分子が，がしゃがしゃと混ざり合ったものだ．一方で，湯気をふんわりと上げる，紅茶色の液体を思い浮かべるとき（たいていの人は紅茶と聞けばこのように想像するだろうが），それはマクロな立場から見た紅茶だ．マクロな立場で見た紅茶が「温かい」というのは直感的に理解できるが，ミクロな立場からは「温かい」というのはどう理解すべきだろうか？　これには，ミクロな目でみた「紅茶」を想像してみるのがよいだろう．

お茶のなかには，カテキン，カフェイン，ビタミン C などといったさまざまな成分が含まれている．これらの物質の分子構造は複雑だが，ここでの議論ではそのことはあまり重要ではない．統計力学の考え方を習得するうえでは関係ないので，以下の議論では無視することにする．すなわち，紅茶の「主成分」は水分子（H_2O）だから，ミクロの目で見た「紅茶」を水分子の集合だと考えても，統計力学のエッセンスを考察するうえでは問題ない．このような仮定の

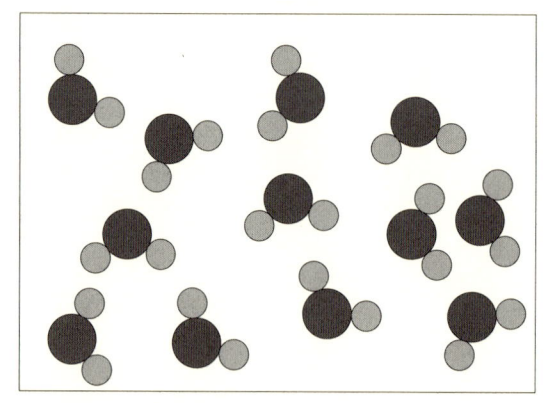

図 6.1: ミクロな目で見た「水」．水分子 (H_2O) の集合（多粒子システム）とみなされる．

もとに，私たちの「紅茶」をミクロな観点から概念的に表現したものが図 6.1 だ．紅茶の一部分，すなわち，ある微小領域を切り取って拡大したものだと考えればよい（微量に含まれる他の化学物質はこのなかには，たまたま入っていなかったと考えても同じことだ）．

さて，このような状態が「ミクロの目でみた紅茶」だとしたら，はたしてそれが「温かい」とか「冷たい」というのはどうやって判別したらよいだろうか？　湯気が上がっているかどうかというのはもはや利用できない．というのは，それはマクロな目でみた水分子の流れであり，ミクロの観点からするとすべては分子になってしまうから，紅茶本体と湯気は見分けがつかないし，湯気の分子は視野の彼方にあるだろうから，図のなかには収まりきらない．東京湾アクアラインにある「うみほたる」から富士山の風景画を写生大会で描くことになったとして，その背景として横浜のランドマークタワーや東京タワー，あるいはスカイツリーを入れたりするのはまだいいだろうが，その背後にあるはずの名古屋城や沖縄の珊瑚礁まで含めようとする学生はそうはいない（というより皆無）だろう．つまり，ミクロの視点というのは，ものすごく「近視的な」視点といえる．

温度を調べるのに目で見てだめなら，「触ってみる」という行動を次に取るかもしれない．しかし，ミクロな世界はあまりにも小さすぎて，指ですら分子

の集合とみなさなくてはならない．そして，紅茶のミクロな「キャンバス」に描き入れることができる部分は，その「巨大な指」のほんの一部の分子にすぎない．とすると，あなたはそれが自分の指だとはもう感じることができないし，「湯かげん」を知ることも不可能だろう．

ミクロの世界で「温度」と関連づけることができる唯一のものは，1個1個の分子の運動エネルギーだ．分子のもつ質量と速度（の2乗）の積（かけ算）を運動エネルギーという．「キャンバス内」の水のエネルギーの総量は，1個1個の分子の運動エネルギーの和（足し算）として計算できる．しかし，水分子はあまりにも小さすぎて，ほんの1滴のしずくのなかにも数えきれないほど無数の水分子が存在しているため，水分子の運動エネルギーをすべて数え上げることは到底不可能だ．そこで，この「キャンバス内」に含まれる水分子の運動エネルギーの平均値を考える．そしてその平均エネルギーのことを「温度」と呼ぶことにしたのが統計力学にほかならない．

統計力学の考え方では，ミクロとマクロの世界は次のようにして結びつけられる．まず，原理的に1個1個の分子の運動エネルギーを測定できるとする．それはほとんど無数にあるが，原理的に数えられると考える．すると，「キャンバス内」にある水分子の平均ネネルギーは

$$\text{平均エネルギー} = \frac{\sum_{\text{すべての水分子}} \text{水分子の1個の運動エネルギー}}{\text{すべての水分子の個数}} \tag{6.1}$$

となる．ここで$\sum_{\text{すべての水分子}}$は，すべての水分子についての足し算を意味する．統計力学では，この平均エネルギーが温度に等しいと考える．すなわち，

$$\text{平均エネルギー} \propto \text{温度} \tag{6.2}$$

ここで，$\propto$ という記号は「比例する」という意味．より正確には，比例係数 k_B（ボルツマン定数という）を用いて，

$$\langle E \rangle = k_B T \tag{6.3}$$

と表すことができる．ただし，$\langle E \rangle$ と T は，それぞれ平均エネルギーおよび温度を表す．式(6.1)はミクロな視点でみた水のエネルギー，一方，式(6.2)はマクロな視点でみた水のエネルギーだが，どっちも同じものの異なる表現に

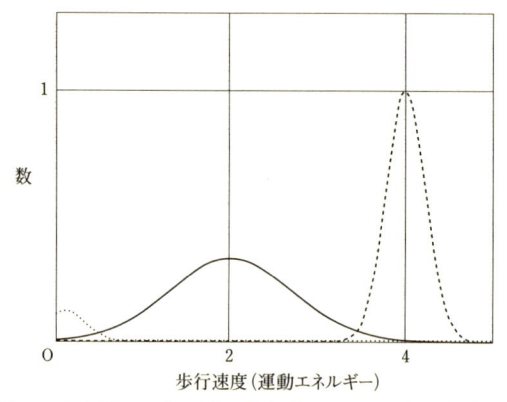

図 6.2: 新宿駅にいる人間のエネルギー分布（スペクトル）の概念図．横軸が歩行速度，あるいは運動エネルギー．縦軸はその速度／エネルギーをもっている人間の数．破線のグラフは朝のラッシュアワー時の状態．実線がお昼過ぎの状態．点線が終電時間が過ぎたときの状態．

すぎない．

　数式が出てきてわかりにくくなったかもしれないので，具体例を用いてもう一度考えてみよう．今度は，新宿駅の人間を思い浮かべてみよう．新宿駅の構内が「キャンバス」，すなわち多体システムの一部で，統計力学を考える領域だとする．そして，人間1人1人が分子／原子に相当すると考える．このとき，新宿の「温度」を考えようというわけだ．図 6.2 を見てもらいたい．まず，破線のグラフが朝のラッシュアワー時間の状態に相当する．この時間は，通勤する会社員が多いので，急いで歩く人たちが多い．遅刻寸前で，走っている人だって多いだろう．したがって，速い移動速度の人が多く，ゆっくり歩く人の数は相対的に少ない．したがって，右よりの位置にピークのある，幅の狭い分布となる．次に，お昼過ぎになると，全体的に客の移動速度はゆっくりになる．この時間に新宿駅にいる人間は，全部が全部特定の時間までにどこかにいかねばならないわけではないからだ．もちろん，3時のお茶の時間に待ち合わせをして，急いで歩いている人だってちょっとはいるだろう．一方，大学の講義が全部終わって，これから紀伊国屋で本でも見ていこうかと思っている学生たちはゆっくり歩いているだろう．いろいろな人間がいろいろな理由で新宿駅にいるのがお昼過ぎの時間帯だから，その分布の幅は広くなる．さらに，急

ぐ人が減っているので，ピーク位置は低エネルギーの位置にシフトしている．最後に，終電が行ってしまった後の新宿駅はどうだろうか？　もう，列車は翌朝まで動かないので，急ぐ理由はまったくない．したがって，歩いていない人が増えてくる．寝たり，座ったり，横になったりして，その場に留まってしまう．

　このように，時間帯によって，新宿駅のスペクトル分布は大きく変わる．1人1人の移動速度を測定して，その都度足し合わせていけば，新宿駅にいる人間の全エネルギーは得られるはずだが，多くの人が行き交う新宿駅では，それは現実的には不可能に近いだろう．そこで，群衆をぱっと見渡し，全体的に人々の移動速度が速いか遅いかを「おおよそ」の値，すなわち平均値で判断するという「妥協策」を取る．そうすれば，朝のラッシュアワー時は「高温」，お昼過ぎは「ちょうどよい温度」，そして終電の後は「低温」と特徴づけることが可能となる．大雑把に捉えることで，「測定」を簡易化するといってもいいだろう．これが，ミクロの視点で考えたときの「温度」の概念だ．言い換えれば，温度とは，分子に対する平均運動エネルギーに相当する物理量だ．

　ところで，温度を定義するときは，運動している分子の種類を考えたうえで定義する必要がある．たとえば，上の例では新宿駅にいる人間を考え，それに対する「温度」（すなわち平均運動エネルギー）を考えた．これを，人間ではなく，新宿駅にいるゴキブリに変えると，温度は逆転してしまう．というのは，ラッシュアワー時は，ゴキブリたちは人に踏まれないようにじっとしているが，終電が終わるとのびのびと活動できるようになるからだ．つまり，ゴキブリに対しては，早朝は「低温」で，深夜は「高温」となる．

　初期宇宙で，宇宙の温度について考えたが，これに対しても統計力学的な温度の概念は適用される．この場合の宇宙の温度というのは，マクロな視点でみた宇宙の温かさ／冷たさと捉えるよりは，むしろある素粒子に対して定義した統計力学的な意味の温度とみなすほうがわかりやすい．その素粒子とは光子にほかならない．光子が無数にある状態が「高温」状態だということは，その光子の典型的な波長が短いという意味だ．また，「低温」ということは，波長が長いということになる．宇宙が膨張して，光の波長がドップラー効果で伸びていくと，宇宙に存在する光子の典型的な波長は伸びていく．すると，光子のエ

ネルギーは低下するので，宇宙の「温度」も低下するのである．

ところで，温度というのは平衡状態に対してのみ成り立つ概念で，温度計の目盛りが落ち着かない状態では「温度」は厳密には定義できない．平衡というのはミクロの世界では動的な変化があるが，マクロに見ると（つまり平均を見ると）変化が止まっている状態だった．だから，体温計を使って体温を測るときは，体と体温計が平衡状態になるまでじっと待っていなくてはならないというわけだ．

6.3 原子の存在が認められるまで：ボルツマンの悲劇

原子の存在を認め，統計力学を使いこなせば，熱平衡にあるさまざまな熱力学的現象が簡明に理解できることが明らかになっても，原子論の容認に慎重な科学者が19世紀には主流を占めた．ボルツマンの考えは認められないどころか，実在主義者らから激しい攻撃を受ける．その結果，孤立無援の学会の情勢に苦しんだボルツマンは精神を病んでしまう．彼は，アドリア海の青い海が美しいイタリアの保養地ドゥイノで，家族が目を離した隙に自殺してしまった．原子論が認められたのはボルツマンが自殺してから，わずか数年後のことだった．生きていれば，間違いなく彼にはノーベル物理学賞が贈られただろう．そして，世界中の人から賛辞の言葉が届いたはずだ．

原子の概念が誕生してから，それが実在するものだと認められるまでには，数千年の長い時間がかかったわけだが，ここでは19世紀から20世紀にかけての，最後のクライマックス部分に注目してみたい．それは，ブラウン運動という生物学者の発見した奇妙な現象から始まる．

1827年，スコットランド（イギリス北部）の植物学者ブラウン (Robert Brown, 1773-1858) は，花粉の構造を顕微鏡で観察していた．そのとき，花粉を水滴のなかに閉じ込めて観察したのだが，花粉がふらふらと動き回るのに気がついた．それはあたかも，水のなかを泳ぎ回るように見えた．この運動が花粉の生命活動によるものか調べるために，ブラウンはさまざまな実験を行った．たとえば，水滴のなかに顕微鏡にも写らない微細な生物がいて，それが花粉を突き動かしているかもしれない．そこで，絶対にどんな生命も入り込ま

ないような水を探すことになった．その1つに，水晶に閉じ込められた水があった．水晶の結晶は溶岩が冷えるときにできるが，このとき溶岩に含まれる水分が結晶中に閉じ込められることが稀に起きる．溶岩に水分が案外大量に含まれていることは，火山地帯に湧く温泉や，火山の水蒸気爆発があることを思い出せば理解できるだろう．溶岩は非常に高温だからそこに含まれる水分の殺菌効果は抜群だ．さらに，その水は硬い水晶の結晶の内側に閉じ込められるから，どんなに小さな微生物も侵入できないだろう．このような結晶中の水は珍しく，滅多に手に入るものではないが，ブラウンは苦労してそれを手に入れ，実験を行うことができた．その結果は，まったく最初の状態と同じで，花粉の粒子はこの「死の水」のなかでも激しく動きまわったのだった．発見者の名前を用いて，このような花粉の運動を「ブラウン運動」と呼ぶようになった．その後，無機物の細かい粒子もブラウン運動することが示された．つまり，この運動は生物によるものではないことが示された．しかし，その原因や本質について，ブラウンは答えを出すことはできなかった．ブラウンだけでなく，19世紀の生物学者も，物理学者も答えをだすことができなかった．原子論を信じたボルツマンは，ブラウン運動のことを知らなかったか，あるいはそれが原子に関係していることに気がつかなかった．植物学者が発見したこの不思議な現象が，原子と関係していることを見抜いたのは若い世代の物理学者たちだった．

1888年，フランスのグーイ (Louis Georges Gouy, 1854-1926) は，水よりも粘性の低い液体中では，ブラウン運動は速くなることに気がついた．彼は，原子論を適用して，ブラウン運動は溶液の分子が熱運動（ランダムな運動になっている）をして花粉に衝突することで生じる現象だと予想した．しかし，19世紀の物理学はここまで到達するのがやっとだった．

1905年，アインシュタインはブラウン運動の理論を完成させ，アボガドロ数という原子物理の基本量を導出することに成功した．1906年，ロシアのスモルチョウスキー (Marikan Smoulchowski, 1872-1917) は，アインシュタインとは独立に同様の理論をつくることに成功した．1908年，フランスのペラン (Jean Perrin, 1870-1942) は，アインシュタインの理論を実験で検証し，その理論が正しいことを証明した．これにより，原子／分子の実在は確実なも

のとなった（残念なことに，この2年前の1906年にボルツマンは自殺した）．1911年の国際会議（ソルベー会議）で実験結果を発表し，物理学のコミュニティのなかで，原子の実在についてのコンセンサスがついに得られるにいたり，ついに原子の存在が認められたのだった．この会議を機に，反原子論者の多くは白旗を揚げた．しかし，マッハは死ぬまで原子の存在を否定し続けたという．1926年のノーベル物理学賞がペランに授与されたとき，物理学における長年の難題「原子は実在するか」という問題はついに解決されたのである．

　ここまでの説明では，原子／分子の実在が認められるまでをブラウン運動の観点のみでたどってきた．それは，おもに新しい世代に属する若い物理学者が，19世紀までの古い物理学の感覚しかもっていない「長老」たちをいかに説得するか，という歴史だった．すなわち，長老達が認めたときをもって，原子の実在が認められたとみなしている．しかし，若い世代にとってみれば，原子の実在を認めるのは至極当然のことだった．というのは，原子よりも小さな素粒子が，19世紀の末にはすでに発見されていたからだ．1874年，英国の物理学者トムソンは，陰極線の研究の延長として電子を発見した．また，1905年，アインシュタインは光電効果を説明するために，輻射の素粒子である光子を提案している．1911年には，英国のラザフォードは，原子は原子核と電子が結合したシステムであることを実験を通して発見している．このように，ペランがノーベル賞をもらうまでには，さまざまな新発見があって，原子の存在は既成事実として若い世代の物理学者には受け入れられていた．したがって，長老達が原子を認めた1926年には，若い物理学者たちによって進展していた物理学の最先端は，すでに原子よりも小さな素粒子の研究に突入していて，量子力学の完成へと歩を進めていた．

　ここに，人間の心理活動のおもしろさが見て取れる．新しい問題が一気に展開するとき，古い世代はそれについていくことが難しい．したがって，若い世代の人間によって，突拍子もない概念が誕生したり，新しいものが登場しても，若い世代の集団のなかで，意外にすんなりと受け入れられていく．若者は柔軟性が一般に老人よりも高いからだろう．一方，積年の難問を若い世代が解こうとするとき，画期的なアイデアが出てきても，それは意外につぶされてしまう．というのは，古い世代の人々は問題について熟知しており，何をやって

第 6 章　複合粒子でつくる宇宙：原子と原子核　　　　　　　　　　169

もうまくいかないことを経験してきているからだ．彼らは，うまくいくように見える理論には必ず穴があることを思い知らされ，辛酸をなめ続けてきたからだ．だから，解決に向けて新しいアイデアを出しても，「それはだめだろう」などと否定的な反応をすることが多くなる傾向がある．しかし，難問の解決には慎重さが求められると同時に，思い切ったジャンプも必要となる．若い世代とその上の世代の争いは，新しい物理を生み出すためには避けて通れない道なのかもしれない．しかし，そのためにボルツマンを失ったのは，人類にとってあまりにも大きな代償だったと思う．

ボルツマンが自殺したイタリアの保養地ドゥイノ (Duino) は，オーストリアの詩人リルケ (Rainer Maria Rilke, 1875-1926) の詩集「ドゥイノの悲歌」にも歌われている．その最初の詩に，「ああ，たとえ私が叫ぼうとも，天使の序列の誰がそれを聞いてくれよう？」という一節がある．ボルツマンもきっとそう思ったことだろう．

6.4　放射能と放射線の発見

電磁気の研究の延長上にあったのが，電波，陰極線，そして X 線の発見だった．電波と陰極線については，前の章ですでに見た．

X 線を発見したのは，ドイツのレントゲン (Wilhelm Conrad Röntgen, 1845-1923) だ．X 線のことを，レントゲン線（あるいは単にレントゲン）ということも多い．X 線は，陰極線の研究の副産物として 1895 年に発見された．陰極線は電子のビームであることが後に判明したが，X 線は電磁波であることがわかった．つまり，短波長の光子である．その透過力の強さは当時の人々を驚かせた．とくに，レントゲンが自分の妻の手を撮った X 線画像 (図 6.3) は強烈な印象を人々に与えた．このように，現象のわかりやすさ，インパクトの強さ，そして公共の利益となることなどの理由が揃ったため，第 1 回のノーベル物理学賞は 1901 年にレントゲンに贈られた．X 線の発見は，人類最初の「放射線」の発見でもある．

フランスの物理学者ベクレル (Henri Becquerel, 1852-1908) は，レントゲンの X 線の発見に刺激を受け，同様な放射線が他にも存在しているかもしれな

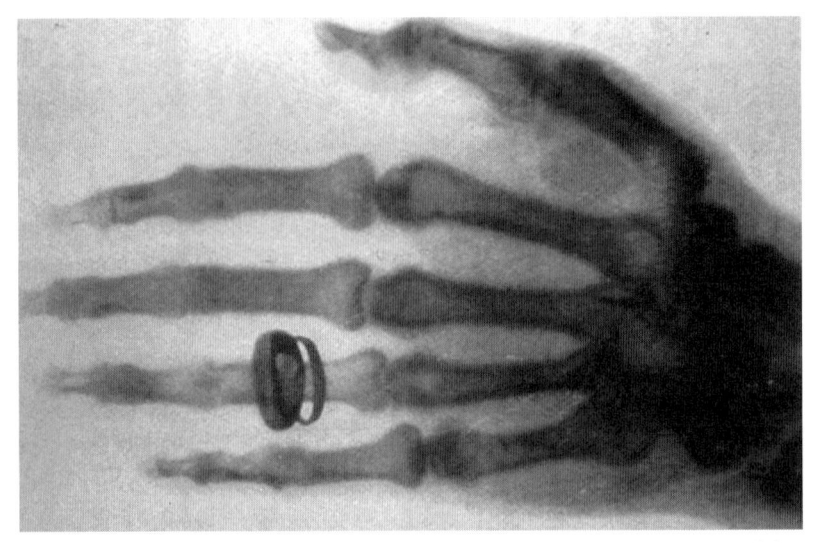

図 6.3: 世界初の「X線健康検査」の画像．X線の発見者レントゲンの婦人の手を撮影したもの．X線で見ると，美しい女性の手も，指輪をはめた骨と化す．（1896年，Wilhelm Röntgen 自身による撮影）

いと考えた．科学者一家の出身だったベクレルは，暗闇で光る鉱物結晶の収集家だった祖父をもっていた．子どもの頃より，この結晶のきれいな蛍光を不思議に思っていたのだろう．この鉱物には天然放射性物質であるウランが含まれていたのだが，ベクレルどころか世界の誰一人として，いったいウランが何であり，どんな性質をもつのか知るものは当時いなかった．

　蛍光鉱物の発光にせよ，陰極線にせよ，外部からエネルギーを与えられて初めて光を発すると考えるのは自然だ．たしかに，陰極線を作り出すには，高電圧を放電管 (図 4.11) やクルックス管 (図 5.1) にかける必要がある．電源を切れば，陰極線は消える．蛍光鉱物の場合も，エネルギーを与えなければ蛍光を発しないだろうと考えたベクレルは，太陽光線によく当て，蛍光が生じることを確認する実験を繰り返していた．その際，X線のような透過力があるかどうか調べるため，感光板を厳重に包装し，そこを蛍光が突き抜けるかどうか実験を行った．予想通り，透過力があることをたしかめたベクレルは，ウラン鉱物と包装した感光板を机の引き出しにしまって，その日の実験を終えた．

翌日のパリは曇りだった．鉱物に十分太陽光を当てることができないから，本日の実験はできないと思ったベクレルだったが，なんとはなしに，しまい込んであった感光板を調べてみて驚いた．太陽の光を当てなくても，結晶から蛍光が発し，それが包装を透過して写真乾板を感光させていたのだった．これは，外からエネルギーをもらわなくても，自発的に放射線を発する物質が存在している，ということを意味していた．この偶然が，放射能の発見の瞬間となった．おもしろいことに，ベクレルはこの発見の意味があまりピンとこなかったようで，自分で研究することはしばらくして止めてしまった．そして，この研究テーマを学生に横投げしてしまった．

この大発見を未解明のまま与えられた「幸運」な学生が，ポーランドからの留学生だったマリー・キュリー (Marie Curie, 1867-1934) だった．彼女は放射能や放射線の研究によって，ノーベル賞を受賞した．初めての女性受賞者であり，初めての複数回ノーベル賞受賞者である（最初の受賞は 1903 年の物理学賞として，2 度目の受賞は 1911 年に化学賞として）．ちなみに，ノーベル賞を 2 度受賞した科学者は今までに 4 人しかいない．また，物理学賞では，今までに 2 人の女性のみ（キュリーとメイヤー．2 人とも核物理が専門）が受賞しただけだ．

しかし，この名誉を幸運と呼ぶべきかどうかは，意見が分かれるだろう．というのは，彼女の 66 年間の短い人生の最後は，放射線障害で苦しめられたからだ．死の間際まで研究を続けたが，放射線障害と女性差別の 2 つの呪いと闘い続けた人生でもあった．彼女と彼女の夫のピエールは，世界で最初の被曝被害者であり，被曝による死者となった．彼女の研究ノートは，パリの中心部にあるアンリポワンカレ研究所に展示されているが，いまだに強い放射能を帯びているため，分厚い鉛ガラスで封印されている．キュリー夫妻の尊い命によって，放射線の怖さを人類は初めて知ることになった．

キュリーは，ウランなど放射能をもっている元素を分離することに 1896 年に初めて成功し，またポロニウム，ラジウムなどのウラン以外の放射性物質を発見した．「放射能」という言葉はキュリーがつくった言葉だ．しかし，これらの放射能元素から出ている「放射線」の正体を見つけ出すことはできなかった．

X線のように透過力が強く，ウランなどの放射能物質からでている放射線は，イギリスのラザフォード (Ernset Rutherford, 1871-1937) によって調べられ，それらは3種類あることが判明した．ラザフォードはそれらを α 線および β 線 (1898年)，そして γ 線 (1903年) と名付けた．

　こうして，放射能と放射線の物理学は，19世紀と20世紀の端境期に急速に進歩した．それは，天文や重力などの力学研究に基礎をおいた古典物理学から一歩進み，原子や原子核などのミクロな物体を支配する量子力学や統計力学，および光速で移動する物体が従う相対性理論などといった現代物理学へと移行する時期に一致していた．

　ここで，注意しなくてはならないのは，放射能と放射線の違いだ．言い換えれば，放射能物質（あるいは放射性物質）と，放射線の違いといってもいいだろう．19世紀の終わりから20世紀の初めの科学史をのぞけばその違いは一目瞭然だろう．当時，「放射線」が意味したのは，X線に端を発する「透過力の強い謎のビーム」のことだった．したがって，α 線，β 線，そして γ 線などが放射線だ．一方，放射能物質（放射性物質）というのは，これらの透過力の強いビームを発する元素（物質）のことだ．それはウランやプルトニウム，そしてキュリーの発見したポロニウム，ラジウムといった物質（元素）のことだ．

　たとえば，福島原発から飛び散ったセシウム137は放射性物質だ．放射性物質は放射能をもつが，放射線を発するまでは別に人体に害は与えない．また，放射線を発するまでの時間は，「半減期」によって推測することができる．セシウム137の場合は半減期が30年なので，セシウム137を体内に吸い込んでしまっても，放射線を出すまでに時間が結構かかる．したがって，それまでに，代謝し排出してしまえば害を受けないことになる．セシウム137の出す放射線は2種類で，1個のセシウム137原子核につき，β 線と γ 線を一本ずつ放射する．放射した後は安定なバリウム137へと「化けて」しまうので，それ以降は放射線による害はもう起きない．しかし，いくら半減期が長いといっても，毎日毎日大量に摂取していたら，排出が追いつかず，いつかはセシウム原子のうち，どれかが放射線を出して体内の組織や遺伝子を傷つけてしまうことになる．これを内部被曝という．内部被曝は，体のなかに入った放射能物質から至近距離で放射線が照射されるため，外部被曝と比べてダメージが大きい

といわれている．国の被曝基準や国際基準は，ほとんどが外部被曝（体の外からの被曝）をもとに算出されており，内部被曝の基準とはなっていない場合が多いので，注意が必要だ．

　内部被曝と外部被曝の影響の違いは，逆二乗則を表す図2.24を利用すれば理解しやすい．この図では光の相対光度を議論したが，放射線の強度でも同じ議論があてはまる．まず図の中心にある光源を放射能物質におきかえ，そこから飛び散っていく光を放射線におきかえる．最初に外部被曝から見てみよう．この場合は，放射線源を<u>囲まない</u>物体について考えることになる．たとえば，領域Qや領域Pのような部分に相対する．この部分を貫く放射線の数は，放射線源から離れれば離れるほど減少し，それは逆二乗則にしたがう．つまり，光の相対光度とまったく同じ法則にしたがうということだ．したがって，外部被曝を避けるときには，放射線源からなるべく離れるとよい．次に内部被曝を考えてみよう．内部被曝の例として，放射能物質に汚染された土を吸い込んでしまった場合を考えよう．たとえば，肺に放射能物質が入り込んでしまったとする．これは，放射線源を体が<u>包み込んでしまった</u>ことに相当する．図でいうと，囲い込む球面Aが肺というわけだ．当然，放射線源までの距離は近くなるので放射線の強度は増す．さらに，囲い込んでしまうので，放射線は<u>必ず</u>肺のどこかを貫通する．つまり，放射能物質から出てくる放射線の<u>すべて</u>が肺のどこかしらにあたってしまう．「線源を囲む」ということが，いかに体に悪いことかわかるだろう．

6.5　原子核の発見

　前にも触れたが，原子が実在することに対するコンセンサスは1920年代までずれこんだ．そのせいで，放射能の研究や，陰極線（電子），X線の研究によって，20世紀の初めには，すでに原子よりも小さな素粒子の研究が若い物理学者たちの手によって進んでしまっていた．とくに，電子とα線の発見により，原子より小さな粒子やビームを使って原子を研究するという，ある意味矛盾した方法論がすでに可能となっていた．

　陰極線の本質が電子という粒子の流れであったことは，放射線の正体が粒

子であるかもしれない，という心の準備を物理学者にもたせてくれた．ラザフォードは，α線はプラスの電荷をもち，β線はマイナスの電荷をもつことを1898年に発見した．また，1903年には，γ線は電荷をもたない粒子であることが判明した．1908年，ラザフォードはα線をガラス管に集め，そこからの発光スペクトルを分析したところ，ヘリウムと同じであることを発見した．

　このころの物理学者の興味は原子の構造だった．原子より小さな電子が見つかっていること，何種類もの放射線が見つかっていることなど，いろいろな理由により，もはや原子は物質の最小の単位ではないことはほとんど自明だった．そこで，若い世代の物理学者は，どうやってこれらの素粒子を組み合わせれば，原子になるのかを考え始めていた．1904年，原子のプラムプディング模型が，電子を発見したトムソンによって提案された．同じ年，原子の土星型模型が東大の長岡半太郎によって提案される（これらの模型の詳細は，第5章の5.1節を参照のこと）．これらの模型では，すでに発見されていた電子を組み込んでいる．電子はマイナスの電荷をもっているが，原子自体は中性だ．そこで，原子を構成するものとして，プラスの電荷をもつ何かがあるはずだと思われた．トムソンの模型では，ゼリーのような広がった電気物質を仮定し，そのなかに電子がブドウパンの干しぶどうのように散らばっている（プラムプディング）と考えた．一方の長岡の模型では，原子の大きさ程度の正電荷の球があり，その周りを電子が回転している（土星の輪のような状態）と考えた．いずれにせよ，プラスの電気をもつ「何か」はまだ発見されていなかった．

　1911年，ラザフォードはα線を原子にぶつける実験を考えついた．このようなタイプの実験は散乱実験といい，現代にいたっても，核物理や素粒子物理の主要な研究方法である．ラザフォードの実験では，薄い金箔を用意し，それをめがけてα線を照射した．α線は透過力の強い放射線だから，ほとんどの場合に金箔を通過してしまった点はラザフォードの予想通りだったが，時折非常に強く跳ね返されることがあった．α線はプラスの電気をもっており，ヘリウムと関連があることは判明していたので，これらの情報を基にして，ラザフォードは次のような結論を下した．ときどきα線が強く跳ね返されるのは，原子の中心には固い「芯」のようなものがあり，それはプラスの電気をもっている，と．これが，原子核の発見となった．ラザフォードは1908年にノーベ

ル化学賞を受賞しているが，それは放射線や放射能の研究に対してだったので物理学賞でもよかっただろう．ちなみに，この年に物理学賞を受賞したリップマンはカラー写真の発明の業績を評価された．しかし，彼の方式はすぐに廃れてしまい，現在では採用されていない．

　ラザフォードは，自分の実験を基に，水素はもっとも密度が小さいので，その構造はすべての元素の中でもっともシンプルだろうと考えた．そこで，電子1つが原子核の周りを回っていると考えた．電子は -1 の電荷をもつから，水素の原子核は $+1$ の電荷をもつはずだ．ということは，水素の原子核は $+1$ の電荷をもった素粒子に違いない．このような推論から，ラザフォードは水素の原子核を「陽子」という素粒子と考えた．この考えは正しいものだったことはすぐに証明される．ところで，陽子というのは「プラス（陽）の電荷をもつ粒子」という意味だ．一方，陰極線というのはマイナス，つまり陰極から出てくるビームという意味だった．これらは，日本や中国での意訳であって，ラザフォードは「初め」という意味のギリシア語を使って「プロトン (proton)」と名付けた．直訳すれば「初子」となったであろう．そして，水素より重たい原子核は陽子が2個，3個と組み合わさってできていると考えた．

　ラザフォードの原子模型は，芯にプラスの電気をもった小さな原子核があり，その周りをマイナスの電気をもった電子が回っているというアイデアだった．しかし，電磁気学の法則（すなわちマックスウェル方程式）によれば，円運動する電荷は電磁波を休みなく放出するため，エネルギーを失っていくはずだった．とすれば，最終的には，マイナスの電子はプラスの原子核に引き寄せられて消滅するはずだ．すなわち，すべての原子は不安定で，すぐにつぶれてしまうことになる．この観点から，長岡模型の理論は，発案当初は学会に認めてもらえなかった．現実には原子がつぶれるようなことは観測されていないから，何かがおかしいと皆思った．しかし，ラザフォードの実験により，原子核が電子と分離しているらしいことが明らかになってくると，どうやら長岡やラザフォードのアイデアは無碍には無視できない要素があると感じ始めた物理学者がいた．それがデンマークの物理学者ボーアだった（第5章参照）．

6.6 原子 = 原子核 + 電子：ボーアの水素原子模型

デンマーク出身のボーアは，英国マンチェスター大学に留学し，ラザフォードと共同研究を行った．そこで，ラザフォードのアイデアは基本的には正しいものであると直感したが，同時にその問題点もよく理解していた．この困難を切り抜けられるとすれば，それは量子の概念以外にないと確信したボーアは，デンマークへ帰国した後，ラザフォードの原子模型に量子の概念を導入し，原子の模型を構築した．この模型（いわゆるボーア模型）では，物理的な状況がなるべく簡単になるようにするため，まず水素原子に適用された．

ボーアの水素原子模型は，中心に陽子があり，その周りに電子が回っているという点では，ラザフォードの模型と似ている．しかし，大きな違いは，電子の軌道半径が「量子化」されているという点だ（より正確には，プランクのエネルギーの離散化の概念や，アインシュタインのエネルギー量子の考えを，古典力学の運動学と組み合わせたものとして導入されたが，ここではわかりやすい表現を採用することにする）．電子の軌道半径が量子化される理由については，次のように解釈することができる．

まず，電子の軌道半径を決めると，その円周の長さは，

$$円周 = 2\pi \times 半径 \tag{6.4}$$

となる．ここで $\pi = 3.1415....$ は円周率を意味する．次に，ドブロイの波動粒子の二重性を適用し，電子の「波動」を考える．この物質波の波の始点と終点とが，ぴったり余りなしに一致するためには，電子の波長の整数倍が円周の長さになっている必要がある．すなわち，

$$円周 = 電子波長 \times n \tag{6.5}$$

ただし n は整数 ($n = 1, 2, 3, \cdots$)．こうして，電子軌道は離散化する．この意味をもう少し掘り下げてみよう．

電子軌道が離散化するということは，特定の軌道上のみを電子は移動するということだ．一般に，共通の中心をもつ大小 2 つの円は絶対に交わらないか

ら，1つの軌道にいる電子が，別の軌道へと移ることは難しくなる．少なくとも，連続的に少しずつ移動していくことはできない．というのは，円と円との間は，電子にとって存在禁止領域となるからだ．とすると，もっとも内側の円で運動する電子はそれ以上内側に落ち込むことはできなくなるので，電子と原子核がくっついてつぶれてしまうことは避けられる．こうして，電子は量子化によって「安定化」する，というのがボーアの基本アイデアだ．

　第3章でみたように，星をつくる物質が太陽光を吸収してできる暗線のスペクトルや，金属を熱したときに発する光をスペクトル分解すると現れる輝線スペクトルは，物質の源である原子が光を吸収したり，放出したりすることの表れと考えるべきだ．暗線や輝線の発生機構は長い間不明だったが，ボーアの原子模型を考えればうまく説明できる．原子が光を吸収するとエネルギーをもらうし，逆に光を放出すると原子のエネルギーは下がる．光子を通してエネルギーの出入りが原子で発生すると，そのエネルギー差の処理は，電子の軌道変化によって対処することができる．詳しい分析によれば，外側の軌道を回る電子ほど高いエネルギーをもつことになる．とすると，光を吸収した原子の内部では，そのエネルギーをもらった電子はより外側の軌道に移ることになる．また，光を放出して輝線スペクトルを出した原子はエネルギーを失うから，その分電子の軌道は内側へと変化すればよい．これらの軌道半径は離散的だから，吸収したり，放出されたりする光子のエネルギーは必然的に離散的になる．

　しかし，上で考察したように，ボーアの原子模型では連続した運動を電子はすることができない．とすると，軌道間を移動する電子はどうやって移動すればよいのだろうか？　ボーアの答えは「電子はテレポートする」であった．実際の電子がテレポートするかどうかはたしかめようもなく，直感的にも経験的にもかなり不思議な理論ではあったが，ボーアの原子模型は実験で得られた輝線スペクトルをとてもよく再現した．そのせいだろうか，この理論を受け入れる人も多かったが，受け入れない人も多かった．

　ちなみに，電子の波長はドブロイ波長といって，次の公式により与えられる

$$電子波長 \propto (電子の移動速度)^{-1} \tag{6.6}$$

これら2つの関係式を組み合わせると，ボーアの量子化条件が得られる．そ

れは，角運動量と呼ばれる物理量が離散化（すなわち量子化）されることを意味している．ボーアの量子化を基に，原子中の電子のエネルギーを計算すると，それは不等間隔となり，実験で観測される水素の輝線スペクトルの分布とぴったり一致する．

ボーアの水素原子模型は，このように古い考え（ニュートン力学と電磁気学）も新しい考え（量子力学）も総動員した，究極の組み合わせ理論だった．その結果，原子の構造のみならず，原子が光（光子）を吸収放出するメカニズムを明らかにし，どうして物質から出る光の輝線スペクトルが離散的であるかを見事に説明したのだった．ただし，その力学にはかなりの「無理」が残り，それを不満とする物理学者が少なくなかったのも事実だ．たとえば，アインシュタインはボーアとよく激しい論争を繰り広げた．とはいえ，ボーアの理論はミクロの世界に量子という新しい概念がどのように適合するのかを示した最初の「お手本」となった．この理論を基に，より精密な量子力学が構築されていくことになる．また，ボーアは若い世代の量子物理学者のよき指導者として役割も果たした．コペンハーゲンにある，彼の名を冠したニールスボーア研究所は量子物理学研究のメッカとなった．これらの貢献により，ボーアは1922年にノーベル物理学賞を受賞する．ライバルだったアインシュタインのノーベル賞受賞の翌年のことだった．

6.7　中性子の発見

水素原子の構造が，量子化された軌道を回る電子と，その軌道の中心にある陽子であるというボーア模型は，概念的にも定量的に非常に成功した．しかし，この模型を水素の次に密度が小さいヘリウムに適用すると，意外にも理論は簡単に破綻してしまった．その一番の理由は，質量と電荷の関係だった．

ラザフォードの研究によって，ウランやラジウムなどの放射能物質から放射される放射線のうち，α線はヘリウムと関連することはすでにわかっていた．また，α線は+2の電荷をもっていることも磁石との相互作用の研究により明らかとなっていた．したがって，ボーア模型を適用すれば，α線はヘリウムの原子核ということになる．とすると，ラザフォードの予想をあてはめると，α

線は陽子2つが結びついた複合粒子になるはずで，水素の原子核の2倍の重さになるはずだった．しかし，ヘリウム原子核の質量を測定してみると，水素原子核のおおよそ4倍になることがわかった．それまでに知られていた素粒子は，陽子と電子の2種類だけだったし，2種類しかない世界というのは原子論の立場でみれば，シンプルで簡明な宇宙の真理に則っているように思われた．したがって，物理学者達は3番目の素粒子があると想像することはあえてしなかった．たとえば，ラザフォードは，ヘリウムの原子核は陽子が4つと電子が2つあわさった6粒子系ではないかと考えた．こうすれば，ヘリウムの質量は水素の4倍だが，ヘリウム核の電荷は陽子の2倍であることが説明できる．しかし，このアイデアは，より重い原子核の構造を調べれば調べるほど矛盾が露呈し，結局は破棄されることになった．

1930年頃，α線を軽い元素に照射すると，γ線に似たような中性電荷の放射線が二次的に放射されることが判明した．その透過力はγ線をしのぐものだった．この謎の放射線をさらに元素に照射すると，陽子がはじき飛ばされることをキュリー夫妻の娘，イレーヌ・キュリー (Irene Joliot-Curie, 1897-1956) とその夫フレデリック・キュリー (Jean Frederic Joliot-Curie, 1900-1958) が1932年に発見した．これは，電荷をもたないけれど，陽子の質量に匹敵するような素粒子があることを示唆していた．最終的に，この素粒子の存在を1932年に実験的に証明したのが，英国のチャドウィック (James Chadwick, 1891-1974) だった．この素粒子は「中性子」と名付けられた．チャドウィックは，マンチェスター大学でラザフォードとともに研究を行っていた．

ボーアの水素原子模型が提唱されたのが1914年のことであり，それから中性子が発見されるまで20年ほどが経過している．1900年にプランクが量子仮説を提唱してから，ボーアの原子模型まで15年しか経っていないのを見てもわかるが，それまでの量子力学の進展はものすごいスピードで展開されてきた．ところが，一番軽い元素である水素から，次のヘリウムの原子核を理解するまで予想以上に時間がかかり，物理学者はかなり苦しんだ．チャドウィックがノーベル物理学賞を受賞したのは，中性子発見からわずか3年後だったことからも，いかに物理学者たちが中性子の発見に驚き，喜んだかがわかる．チャドウィックの受賞の翌年，イレーヌとフレデリック・キュリー夫妻もノーベ

ル賞（化学賞）を受賞した．先代のキュリー夫妻同様，このキュリー夫妻も早死だった．放射能研究による被曝が原因だと考えられている．

中性子が発見されると，α粒子，すなわちヘリウムの原子核の構造が明らかとなった．それは，2つの陽子と2つの中性子の組み合わせである．陽子と中性子の質量はほぼ同じであることは，5.1節ですでに見た通りだ．また，β線は電子であること，またγ線は光子であることも後に判明する．こうして，放射能物質から放射される放射線のすべて，すなわち，α線，β線，γ線，そして中性子線の正体が明らかとなった．

ところで，ヘリウム原子は，このアルファ粒子の周りに2つの電子が回っている模型で理解できる．しかし，そのエネルギー準位（離散化されたエネルギースペクトルのこと）を計算してみると，実験とうまく合わないことが判明した．ボーア模型では，電子と電子の間の斥力（反発力）をうまく取り扱うことができないからだ．ボーア模型の限界を越えるには，量子力学の最終バージョンが必要になるのである．ハイゼンベルグによる行列力学（1925年），シュレディンガーによる波動力学（1926年），そして両者を結ぶディラックの量子力学（1926年）がそれに相当する．これらの量子力学の誕生については，5.3節に詳しく説明してある．

6.8　同位体：セシウム 134 とセシウム 137 の違い

6.1節で同位体についての簡単な説明をした．直前の節で陽子と中性子について学んだところなので，同位体について再度見てみることにする．

原子の種類やその性質（つまり化学的性質）は，電子の数で決まる．ということは，その原子核の電荷数で決まると言い換えてもよい．とすると，陽子の数で原子の性質や種類は決まるということだ．これを言い換えると，「元素」は陽子の数で特徴づけられる，ということになる．

一方，原子核の種類や性質（放射能や核物性の性質）は，陽子の数と中性子の数の両方によって決まる．とすると，同じ元素でも，中性子の数の異なる核は異なる性質を示すことになるだろう．これを同位体（アイソトープ）という．たとえば，セシウム 134 とセシウム 137 は，陽子 55 個からなる同じ元素

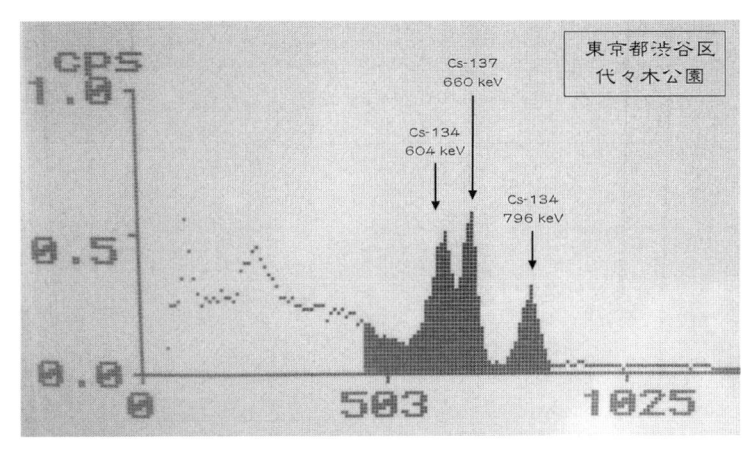

第 6 章　複合粒子でつくる宇宙：原子と原子核　　　　181

図 6.4: 放射性セシウムの γ 線スペクトルの例．渋谷区代々木公園で採集した土を測定したもの（2012 年 4 月）．縦軸が放射能の強度，横軸が γ 線のもつエネルギー (単位はキロ電子ボルト，つまり keV)．福島第一原発から飛び散った放射性セシウムに汚染された土壌は，このように 3 つの γ 線ピークをもつのが特徴．ちなみに，代々木公園のこの土壌の汚染は，1 キログラムあたり 1000 ベクレル程度（1000 Bq/kg）で，結構強く汚染されている．

「セシウム」だが，中性子の数が 3 つ分だけ異なる同位体だ．そのため，その核として性質は大きく異なる．半減期についてはすでに 6.1 節で説明したとおりだ．さらに，これらの放射性物質から飛び出してくる γ 線は，それぞれ異なる．セシウム 137 が放出する γ 線は 660 keV のエネルギーをもつ光子 1 つのみだが，セシウム 134 は 604 keV と 796 keV のエネルギーをもつ 2 つの γ 線を出す．γ 線のエネルギーを測定すれば，たとえば土壌汚染はセシウム 134 によるものなのか，それともセシウム 137 によるものなのか，それとも両者によるものなのか，はっきり区別することが可能となる（図 6.4 参照）．

別の例としては，水素がある．元素としての水素は陽子を 1 つ含んでいるわけだが，陽子と中性子を 1 つずつ含む場合も元素としては水素ということができる．しかし，中性子の分だけ，後者の水素は質量が大きくなるので，原子核物理学ではそれを「重水素 (deutron)」と呼んで区別している．重水素の原子核は結びつきが弱く，簡単に壊れてしまう．したがって，陽子 1 つのみからなる通常の「水素」に比べ，重水素の量はきわめて少ない．

6.9 核力：湯川秀樹の理論

5.7節で簡単に説明した核力についてもう少しよく見てみよう．ただし，ここでは強い核力のみを考える．

ラザフォードの原子核模型では，より重い原子核は，陽子をくっつけることで生成されると考える．これは現象論的にはほぼ正しい．「ほぼ」というのは，中性子の存在も考慮しなくてはいけないからだ．いずれにせよ重い原子核をつくるためには，プラスの電気を持つもの同士をくっつけたり，電荷のない中性粒子を結びつけたりする必要があることになる．この力が電磁気力によるものでないことは明らかだ．電磁気力の場合，プラスとプラスは反発しあうし，電気をもたないものは結びつくことはない．ということは，陽子と中性子を多数結びつけている，電磁気力でも重力でもない，未知の力があることが予想される．これが「核力」だ．

ところで，最初はβ崩壊が発見されていなかったので，核力には2種類（強い核力と弱い核力）あることはわからなかった．この節では，最初に発見された強い核力に注目することとする．

前に議論したように，「力」のイメージは大別して，遠隔作用と近接作用に分けられる．しかし，19世紀のファラデー以降の現代物理学では，力は近接作用と考える物理学者が大半を占めている．ただし，重力だけは例外であることをここで指摘しておこう．重力を記述する一般相対論は量子論との統合が進んでおらず，近接力の概念というよりは，幾何学によって力を表現している．すなわち，アインシュタインの重力理論では，力の源は4次元空間の歪みを3次元の動物は認識できないことからくる錯覚にある，と説明する．これは，あたかも巨大な風船の上にとまった小さなハエが，「世界は平らだなー」と感慨深く感心するようなものである．実際は3次元的な形状をもつ風船上では，表面を最短距離で結ぶ2本の線は曲がっている．一方，平面では最短距離は直線で表されるはずだ．最短距離が直線にならず，曲線になってしまうのはこのハエが2次元までしか認識できないからにすぎない．この食い違いをハエたちは「重力」と解釈するのである．

話を元に戻そう．近接力の例として，電磁気力を考えよう．ファラデーのひらめきにより，電磁気力のイメージとして，「電磁場」というゴムのようなものが歪むことで伝わっていくという説明がされた．これを数式化したのがマクスウェルだ．この電磁場の振動の伝わり具合を調べていくうちに，それが電磁波であり，光速で進むことが明らかとなった．つまり，電磁気力は電磁場の歪みが伝搬することで伝わると考えた．電磁場の歪みが波となって伝わるのが光だが，19世紀の物理学者たちは，光自体が電磁気力を伝える張本人だということに気づかなかった．しかし，20世紀に入り量子力学が完成すると，電磁場を量子化するアイデアが生まれた．研究を積み重ねた結果，光子が電磁気力を伝える粒子であることが判明した．たとえば，電子と電子の間で，光子を「キャッチボール」することで，電磁気が伝わるとイメージするとわかりやすいだろう．

一方，核力に関しての理解はなかなか進まなかったが，現象論的にはっきりしていることはいくつかあった．その1つは，電磁気力よりもずっと強いということだ．たとえば，α粒子（ヘリウムの原子核）には陽子が2つ含まれているが，電磁気力の観点からすると，プラスとプラスの電荷をもつ粒子同士は反発しあうはずだ．それを強引に押さえつけて，固く結合させているのが核力ということになる．また，2つの中性子もα粒子に含まれているが，これも電磁気力で束縛することはできないはずだ．なにか電磁気力と別の力がないと，α粒子はまとまっていられないはずだ．もう1つ知られていた性質は，原子核の大きさがとても小さいことから導かれる核力の性質だ．ラザフォードのα粒子による散乱実験によって，原子に比べ原子核はとても小さいことがわかった．それは，つまり核力の到達する範囲がとても小さいからだと考えるべきだろう．とすると，核力はとても強い相互作用だが，その到達距離はとても短い性質をもつと思われる．湯川はこのような性質をもった力を伝えるのは，「重い光子のような粒子」だと考えた．

光子の到達距離は無限大である．その質量は0であり，宇宙における高速限界，すなわち光速で運動することができる．また，電磁気力は光子で伝わるが，この力の到達距離も無限大となる．とすると，短距離力である核力を伝える粒子は，光子とは性質が似ているものの，似ていない面も多分にもってい

るはずで，それは質量の違いにあるはずだと湯川は考えたのだった．光子より軽い粒子はないから，核力を伝える粒子は質量をもっているはずだ．湯川はこの粒子をπ中間子（パイオン）と呼んだ．そして，その質量が電子のおよそ200倍の100 MeV 程度になるであろうと 1935 年に予言した．

　湯川の予言の翌々年（1937 年），アメリカのアンダーソン (Carl David Anderson, 1905-1991) は，湯川の予言した中間子を発見した．アンダーソンは，ディラックが予言した反電子を実験的に発見した業績により，前年の 1936 年にノーベル物理学賞を受賞していた．アンダーソンの発見した新しい素粒子の質量は 106Mev で，湯川の予言に非常に近い値をもっていた．しかし，その後の詳しい分析により，この素粒子は核力とは関係ないことが判明した．それはむしろ電磁気力に従う粒子で，電子に性質が似ていることがわかった．この素粒子は「ミューオン」と名付けられた．

　ミューオンの発見により，おもわぬ道草をくった格好になったパイ中間子の探索は暗礁に乗り上げてしまい，その後 10 年ほど核物理学の発展は停滞する．しかし，1947 年，英国のパウエル (Cecil F. Powell, 1903-1969) によって，ついにパイオンは発見されたのだった．その質量は 139 MeV であり，湯川の予言とよく一致していた．パウエルの発見したパイオンは電荷をもつタイプ ($\pi^{\pm}$) だったが，3 年後の 1950 年には電荷のない 3 つ目のタイプ (π^0) も発見された．こちらのパイオンの質量は 134 MeV だった．長い間見つからなかった核力を媒介する素粒子を発見した業績を讃え，パウエルは 1950 年に早々とノーベル物理学賞を受賞する．そして，その前年の 1949 年に，パイオンの存在を正しく予言した業績により，湯川はノーベル物理学賞を受賞した．彼は日本人初のノーベル賞受賞者となった．敗戦に沈む日本を明るく照らす光として賞賛された．

　ちなみに，パイオンの場合もそうだし，陽子と中性子のときもそうだったが，一般に電気的に中性の粒子を発見するのは遅れる傾向がある．これは，人間が電磁気学に基づいた技術は高度に発展させ，得意であるのに対し，電磁気力が及ばないない現象は苦手であり，技術レベルも落ちることを示唆している．現代文明の要の技術を見渡しても，電気工学や電子工学のレベルに比べ，核力を利用した技術レベルは著しく劣っているのは明らかだろう．

第 7 章　3 分より後の宇宙：のびたカップラーメンが見る宇宙

　ビッグバンが起き，光の球として宇宙が始まった．光子が飛び交い，それは対生成を起こして素粒子を生んだ．いまだに未知の物理機構によって，なんとか対消滅を生き延びた素粒子は，互いに結びつき，塊になろうとする．しかし，宇宙が高温の状態では，光子の弾丸がぶつかって，せっかくつくった素粒子の「塊」は破壊されてしまう．結局，宇宙ができて 3 分経った時点では，宇宙はまだかなり高温で，いかなる複合粒子（すなわち原子核や原子）も形成されていない（第 5 章で説明）．

　このときの宇宙の内容物は大雑把にいって，10 億個の光子に対して，陽子 1 個，中性子 1 個だった．また電子もおおよそ 1 個程度だった．前に見たように，この比率は，理論計算でも推測値でもなく，観測値から得られた「事実」だ．ここで問題なのは，光子だけの宇宙にならずに，なぜ陽子などの素粒子が生き残ったかだ．対称性の破れなどの観点から，素粒子と反素粒子の対消滅が失敗する可能性が指摘されているが，その物理機構についてはまだ確証は得られていない．

　対消滅が完璧ではなかった理由を考えるのも大事だが，われわれ人間がすでにこの宇宙に存在しているという事実を認める立場をとって，次のような視点から宇宙の歴史を考えることは可能だ．すなわち，時間を遡るのである．自分の掌を眺め，そこから時計の針を逆回しにタイムトラベルしていこう．ここで考えるのは，よく映画で登場するような数十年，数百年，あるいは数千年といった程度，すなわち人間の歴史が存在する程度の時間旅行ではなく，地球も太陽もなくなってしまうような，何十億年も前の世界へのタイムスリップだ．星は水素ガスへと戻り，銀河の姿はなくなり，そしてやがて物質は原子や分子へと分解されていくだろう．原子や分子も分解されて，原子核と電子に別れ，そ

して原子核も陽子と中性子へと分裂してしまうだろう．そして，ビッグバンから3分経ったところまで到達したとき，10億の光子と1個の陽子／中性子の宇宙に戻ってくる．この最後の章で議論するのは，このタイムトラベルの途中で見た物質の分解の過程だ（もちろん，その記録は後で時間の流れの順番に並べ直し，「物質形成の過程」と呼び直す）．

　この宇宙をつくった神がいたとしたら，3分後の宇宙に生き残った素粒子だけを使って，今目の前に広がる宇宙をどうやってつくったのだろうか？　陽子，中性子，そして電子といった素粒子が，光子の爆撃をかいくぐって，どのように結びつき，複雑な複合粒子，すなわち原子核や原子／分子へとどのように進化していったかを見ていこう．

7.1　重水素から α 粒子まで：宇宙で最初の核融合

　宇宙ができて3分経ったとき，宇宙の温度は10億度だった．最初の原子核をつなぎ止めておくには，この温度はちょっとだけ高すぎる．しかし，3分をちょっと過ぎたところで (3分45秒ほど)，温度は9億度まで低下する．このとき，最初の核融合が起きる．

　最初の核融合は，陽子と中性子の融合で始まる．できあがった原子核は陽子1つと中性子1つからなる2体系で，重水素 (deutron) と呼ばれる．重水素が形成される核融合は式でまとめると次のようなものになる．

$$\text{陽子} + \text{中性子} \rightarrow \text{重水素} + \text{光子} \quad \text{すなわち} \quad p + n \rightarrow d + \gamma \tag{7.1}$$

　しかし，重水素の結合は弱く，「なにかの拍子」ですぐに壊れてしまうため，この先の宇宙を構成していくうえで主要な物質とはなりえない．たとえば，高いエネルギーをもった γ 線がぶつかると，陽子と中性子の結合は切れてしまう．この性質を反映して，重水素の量はその同位体である通常の水素に比べて著しく少ないことがわかっている．測定してみると，この宇宙にある水素元素の 99.99％ は陽子1つのみからなる（普通の）水素だ．

　素粒子だけの宇宙を免れるためには，重水素が壊れる前に，さらにもう1つ2つと素粒子をくっつけてしまえばよい．重水素が陽子，あるいは中性子

と衝突すると，三体系が核融合でつくられる．そのおもなプロセスは次で与えられる．

$$\text{重水素} + \text{陽子} \to \text{ヘリウム3} + \text{光子} \quad \text{すなわち} \quad d + p \to {}^3\text{He} + \gamma \quad (7.2)$$

$$\text{重水素} + \text{中性子} \to \text{三重水素} + \text{光子} \quad \text{すなわち} \quad d + n \to t + \gamma \quad (7.3)$$

ヘリウム3の原子核は，陽子2個と中性子1個からなる．この原子核も束縛力が弱く，光子に分解される可能性がある．また，三重水素（トリチウム）は，中性子が2個ついた水素の同位体であり，半減期12年余りでベータ崩壊する放射性物質（すなわち不安定な原子核）だ．

トリチウムとは，原子炉から放出される中性子線が，原子炉の冷却水（H_2O）中の水素と結合し発生する物質である．そのため，原子炉の冷却水が環境に排出されると，周辺の水を汚染する．というより水自体が放射能をもってしまう．そのため，このような水を浴びたり，飲んだりすることで被曝してしまう可能性がある．

ヘリウム3にせよ，トリチウムにせよ，これらの三体系は不安定なので，さらに陽子／中性子を融合させる必要がある．その結果できるヘリウム4は，束縛エネルギーが大きく非常に安定だ（ヘリウム4というのはα粒子にほかならない）．そのプロセスは次のようになる．

$$\text{ヘリウム3} + \text{中性子} \to \alpha \text{粒子} + \text{光子} \quad \text{すなわち} \quad {}^3\text{He} + n \to \alpha + \gamma \quad (7.4)$$

$$\text{三重水素} + \text{陽子} \to \alpha \text{粒子} + \text{光子} \quad \text{すなわち} \quad t + p \to \alpha + \gamma \quad (7.5)$$

この原子核合成は中性子の保存という観点から非常に重要な意味をもつ．自由に動いている単体としての中性子はベータ崩壊に対して不安定で，その寿命はおよそ15分だ．つまり，宇宙ができて15分の間に原子核が形成されることがなければ，中性子は皆ベータ崩壊を起こして消えてしまい，陽子に変わってしまう．すると，宇宙は水素だらけの世界になり，炭素や酸素，マグネシウムや鉄といったさまざまな元素にあふれ，多様な元素を含む「物質世界」を形成できなくなってしまうだろう．その結果，私たちのような生命は誕生しない可能性が高い．したがって，ビッグバンが発生してから15分以内に中性子を

保存してやる必要ある．

　中性子は原子核のなかに閉じ込められると無限の寿命をもつようになる（もちろん，ベータ崩壊に対して安定な原子核，たとえばα粒子などの場合に限られる）．したがって，ビッグバンから4分弱のところで，宇宙の温度がうまい具合に下がってα粒子が形成できたのは，私たち人間が誕生するためには，とても大事なステップだったことになる．中性子の数が保存されたからだ．こうしてできあがったα粒子（ヘリウム4の原子核）と水素（陽子）の比率は，おおよそ1：4となり，この比率は現在まで不変のままだ．たとえば，太陽などの恒星や，木星や土星といったガス状惑星の成分を見ると，主成分は水素で，その次がヘリウムとなっている．そして，その比率はきれいに1：4になっている．この比率は，宇宙ができて4分経ったときに決まり，これから未来永劫にわたりその比率は変わらない．

　ちなみに，地球上にはヘリウムはほとんど存在していない．それは，ヘリウムはとても軽いので地球程度の重力の強さでは引きつけておけないからだ．およそ45億年前，地球ができたばかりの頃は，きっとたくさんあったであろうヘリウムは，次第に宇宙空間へと逃げていってしまい，地球上からはなくなってしまったと考えられている．ヘリウムが初めて発見されたのは，太陽のスペクトルの研究を通してだった．19世紀までに知られていたどんな物質にも対応しない暗線スペクトルが，太陽光で発見されたのは19世紀の後半のことだ．このスペクトルははっきりしていて，太陽には豊富に含まれている未知の物質であることが示唆された．このことから，ラテン語のヘリオス（太陽という意味）を基に，この未知の物質を「ヘリウム」と名付けることになった．

　ところで，ヘリウムより軽い水素は地球上にはたくさんあるのはどうしてだろうか？　答えは，水素も単体のガスのままであれば地球上に逃げていってしまうが，水すなわちH_2Oの形で地球に留まったからだ．一方，ヘリウムは希ガスといって，ほとんど他の元素と化学反応を起こさず，化合物をつくらないため，単体のガスのまま存在するしかない．そうすると，大気の上層部から宇宙空間へ逃げてしまう．

7.2 原子の形成：宇宙の晴れ上がり

「原子核ができたのがビッグバンから 4 分弱経過した時点だったから，原子の形成はそのすぐ後かな」と思う人は，原爆とダイナマイトが同じ威力だと勘違いする人と同じだ．原子核をつなぎ止めるエネルギーと，原子をつなぎ止めるエネルギーはかくも異なるのである．つまり，宇宙の温度が相当下がらないと，原子は安定して存在できない．原子核が形成され始めたころの宇宙の温度は約 9 億度だった．原子の形成が可能になるのは，それよりずっと低い 3000 度の宇宙においてだ．それは，ビッグバンからおよそ 40-50 万年後の宇宙に相当する．

ビッグバンから 4 分後の宇宙にあるのは，大量の光子とわずかな原子核（水素とヘリウムの原子核），そしてわずかな電子だ．原子核はプラスの電気をもち，電子はマイナスの電気をもつ．これらの物質粒子がばらばらであるうちは，電磁気力を通じて，光子は電気を帯びた粒子とさかんに衝突したり散乱する．その過程で物質粒子は光を吸収し，そして放出する．これは，熱平衡の状態にほかならない．

しかし，プラスとマイナスの粒子の間には引力が働くから，結合しようとする．プラスの原子核に，マイナスの電子が結合したとき，その複合粒子系は「原子」と呼ばれる．原子は電気的に中性なので，光子は散乱しにくくなり，物質に衝突するまでの距離が伸びていく．すなわち，光子と物質の熱平衡状態は，原子の形成とともに解消されることとなる．今まで遠くまでいくことができなかった光が，はるか彼方まで飛んでいくことになるというのは，あたかも濃い霧が晴れてその向こうの風景が急に広がって見えるような状況に似ているだろう．光子が物質粒子との熱平衡を離れて，飛び去り始めるこの瞬間が「宇宙の晴れ上がり」だ（4 章を参照）．

晴れ上がりの寸前までは，光子は熱平衡にあったので温度が定義できる．このとき，宇宙を満たす光子の波長分布は黒体輻射のそれに一致していて，平均エネルギーが 3000 度に相当する波長をもった光子がもっともたくさん存在していた．しかし，宇宙が晴れ上がると，3000 度に相当する黒体輻射の分布を

維持したまま，光子は宇宙のなかで四方八方に飛び散っていく．このときも宇宙は膨張しているから，ドップラー効果によって光子の波長は伸びていく．それから百数十億年経った現在，3000度だったそのときの平均エネルギーをもった光子の波長は，赤外線の領域にまで伸びた．その分布は依然として黒体輻射とみなすことが可能で，その温度は絶対温度にして3度ほど，すなわち摂氏 −270 度の低温に低下しつつも，宇宙全体に広がっている．これがペンジアスとウィルソンが偶然発見した宇宙背景輻射だ．すなわち，宇宙背景輻射は，宇宙がかつて熱平衡の状態になるほど小さかったこと，そして高温だったことの証明であり，そのときの光子の波長分布がいまや絶対温度3度という超低温になってしまったということは，宇宙が膨張し続けているということの証拠なのである．

7.3　晴れ上がりの後：物質と重力の時代

熱平衡にあった光子と物質粒子は，晴れ上がりとともに熱平衡から外れる．膨張して巨大化した宇宙の果てに向けて，光子は飛び去ってしまい，水素とヘリウムの原子は取り残される．こうして，宇宙は「輻射（光）の時代」から「物質の時代」へと移り変わる．電気的に中性となった原子の間には電磁気力は働かない．ましてや核力の到達距離のはるか外に原子の集団は分布している．つまり，これからの宇宙を形作るのは，原子や分子の間に働く重力となる．

光子10億個に対し，わずか1個という陽子／中性子が生き残った．そして，そこからつくられた水素原子やヘリウム原子の数は，光子の数に比べれば，その相対数は相当少ないけれど，絶対数で考えれば宇宙に生き残ったこれらの物質の量は相当なものとなる．水素とヘリウムがおおよそ4：1の割合で入り交じった「星間ガス」は広大な宇宙を長いこと漂ったあと，重力に引かれてやがて集合してくる．いったん密度にムラができたガスの巨大な集合体は，その自重によって圧縮し潰れていく．熱力学の法則にしたがって，このように圧縮するガスは温度を上昇させる．そして，水素／ヘリウム混合ガスの温度が1千万度を越えた時，水素と水素（すなわち陽子と陽子）の核融合が始まる．

ppチェインと呼ばれる，この核融合は「星の灯」がともったことを意味する．重力で潰されてしまう作用に抗って，核反応の爆発が星の形を支えることになる．巨大な恒星は核融合する水素ガスの塊であり，その寿命は1千万年から百億年に及ぶ．

　こうして，宇宙ができて100万年ほど経ったとき，最初の星が輝き出す．星は次から次へと生まれ，それらがさらに重力によって引かれ，星団をつくる．また，もっと巨大なガスの構造は，そのはしはしで恒星を無数に作り出し，銀河へと進化していった．私たちが知る世界がつくられたということだ．もっと正確にいうと，現在の最高性能の望遠鏡で見たもっとも遠くの天体が，このときつくられたということになる．

　やがて，最初の超新星爆発が起きるなどして星は死を迎える．壊れた星から宇宙空間に放出された水素ガスなどの元素は再び漂う．それは，次の世代の恒星の原料として再生することもあるかもしれないし，永遠にガスのまま宇宙をさまようのかもしれない．

第8章　宇宙の歴史とともに生きること

　古い遺跡で見つけた鍵のかかった箱のなかに，古い言葉で記された秘密の知識が眠っていたとしよう．苦労して鍵をあけ，苦心して暗号を解読し，その文献の意味することを知ることができたとき，無上の喜びをあなたは噛み締めるだろう．これは，自然科学の探求とよく似ているだけでなく，歴史を学ぶこととも似ている．

　宇宙に生きる私たち人間が，どうやってその137億年の宇宙の歴史を紐解いてきたのかを知ることは，それだけで興味深いし，人類のこれからの道筋を探るための「地図」となるはずだ．

8.1　宇宙という遺跡に隠された書物

　自然科学の探求とは，宇宙が創成された大昔に神の言葉で書かれた書物を発見しようと探検を続けるようなものだ．同時に，その探検の末にたどり着いた遺跡で発見した，神の書物を解読することともいえよう．その知られざる知識を紐解いて理解したとき，人間は1つ上の階層に登ることができる．それは一度味わったら止められない，麻薬のようなものだ．

　自分の身の周りに存在する自然の姿や，数々の現象を，観測し，考察し，理解していくことは，まさに神の書物を読み解くことだ．また，道具をつくり，それを改良することで，五感だけでは今まで見つけることができなかった風景や，事柄を発見することは，装備を改良して新たな探求へ出かけることと同じだろう．

　その過程において，人々の考え方はいろいろに変化し，進展し，転化していく．それは人類の発展と衰退の歴史であり，これ自体を知ることも大切なこと

だ．それはまた，人間とは何かを知るうえで役に立つだろう．海外留学をした者なら誰でも感じるように，自分が日本人であることを深く理解せずに外国で暮らすことは，案外苦しいことだ．人間とは何か知ることは，人間として生きていくうえで，自信と安心を与えてくれる．

　探検もせず，自問もせず，宇宙に目を閉ざし，世界に何の興味をもたぬまま一生を終えるということは，せっかく私たちの祖先が苦労して発達させた，知的生命体としての機能を利用しないまま土に帰ることにあたる．あなたの飼い犬の喜びと，人間としての喜びが同じであるなら，人間が獲得した大脳皮質は「オーバースペック」と化す．星の輝く美しさを，神の定めた物理法則の下に味わうことができるのが「人間」という生物だと思いたい．

　科学史や科学論を勉強して身につけるべきことの1つは，私たちが今ここに生きているのは，長い宇宙の歴史のなかで起きた出来事の積み重ねの結果だということを認識し，理解することだ．私たち人間が，今ここに存在できるのは，偶然とも奇跡とも思えるようなことがいくつか宇宙の歴史に起きたからだということを私たちは学んだ．たとえば，素粒子と反素粒子が対消滅で消えてしまい，すべて光子に変わることはなかったこと．なぜか，反粒子だけが消えて，粒子が残ったこと．ビッグバンから4分弱でα粒子が形成されて，中性子がベータ崩壊で消滅することが防がれたこと．こういうことが重なって初めて，人間をつくる「物質」が，この宇宙に生き残ることができた．

　この事実を知り，正しく理解するということは，自分が宇宙のなかの「部分」であり，構成要素の1つであるということを認識することだといえよう．広大な大きさをもつ宇宙を感じながら生きていくことができれば，その人の視野は自ずと広くなり，知性と思いやりに満ちた，より階層の高い精神性をもって，新しい世界を切り開くことができるだろう．

8.2　さらなる遺跡の探検に向けて

　私たちが今まで探索してきた「遺跡」からは，さまざまな書物が発見され，それを解読することでずいぶんいろいろな秘密を探りあてることができた．しかし，私たちが見てこなかったことも，まだまだたくさんある．最後に，まだ

見ていない「遺跡」やそこに埋まっている「書物」の概要について説明しておこう．

宇宙の温度が3000度まで低下し，きれいに「晴れ上がった」のは，ビッグバンから40-50万年ほど経過した頃だったことはすでに見た．このとき誕生した，水素とヘリウムの原子は，星の原料となることも前章で簡単に説明した．

ここで大事な点は，宇宙に存在する元素はこのとき，水素とヘリウムの2種類しかなかったということだ．つまり，このまま，恒星が誕生せずに宇宙の歴史が進んでしまえば，永遠に人類は現れないということになる．なぜなら，人間を構成する物質には，炭素，酸素，カルシウム，ナトリウム，マグネシウム，鉄などといったさまざまな元素があるからだ．宇宙で最初の星が輝き始めたとき，このような重い元素は宇宙にはまったく存在していなかった．それは，ヘリウムよりも重い元素は，恒星の核融合で合成されるからだ（注：最近の研究では，リチウムも，水素，ヘリウムと同時に，恒星ではなくビッグバンの後の宇宙空間で合成されただろうといわれている）．

熱力学の法則によると，気体は圧縮されると温度が上昇する．星間ガスも，重力によって自重で押しつぶされるとき，温度が上昇する．陽子と陽子が核融合をおこすほど星間ガスの温度が高温になったとき，それは星となる．輝く星の誕生する瞬間は，核融合の「火」がガスの内部に灯るときなのだ（言い換えれば，星が輝くというのは，核融合の爆発が始まったということ）．この核爆発の圧力は，自重でつぶれる重力と釣り合って，星の形を平衡状態（つまり球形）に停める．温度にして1000万度で発生する，この最初の核融合プロセスは，水素燃焼あるいはPPチェインと呼ばれる．そのプロセスの最終生成物はヘリウムだ．

この核融合過程は，燃料である水素ガスが星のなかで燃え尽きたとき終了する．そうすると重力による圧縮が再び始まるが，圧縮による温度上昇はさらに高くなる．こうして，2段目の核融合プロセスである「ヘリウムバーニング」が，1億5千万度で始まる．

ヘリウムバーニング（ヘリウム燃焼）の最終生成物は，炭素12や酸素16だ．このように，その時々の核燃料が燃え尽きるたびに，重力圧縮によって星の温度は上昇し，より重元素の核融合過程へと星は「進化」していく．圧力の

高い．星の中心部分ほどプロセスの進み具合は速くなる．そのため，星の中心部から外縁部にかけて，複数の異なる核融合プロセスがタマネギ状に分布するようになる．このようにして，より重い元素，たとえばマグネシウム，硅素，硫黄，カルシウムなど，が恒星のなかで合成されていく．恒星は，水素より重い元素の「製造工場」なのである．

しかし，この過程は永遠に続くわけではなく，鉄が合成されたところでストップしてしまう．星のもっている重力エネルギーでは，鉄と鉄を核融合させて，その先の重元素を合成することはできない．たとえば，金，銀，銅，プラチナといった貴金属は恒星内の核融合では合成することはできない．同じように，鉛や超ウラン元素なども恒星のなかでは合成できない．そのため，鉄の前の段階で，必要な元素が燃え尽きてしまうと，星はつぶれる以外に道がなくなってしまう．その結果，質量がとても大きな星は，重力崩壊によってブラックホールになったり，超新星となって爆発を起こしたりする．これが，「星の死」に相当するプロセスだ．

しかし，超新星爆発の場合は，星の死がその再生への最初の一歩と同じ意味をもつ．爆発して宇宙空間に飛び散っていく星の欠片は，それまでの星の歴史のなかで合成されてきたさまざまな元素を含んでいる．これらは，長い間，宇宙空間を漂った後，次の世代の新しい星の原料となる．

また，超新星爆発の巨大なエネルギーを利用して，鉄より重い元素を合成することが可能になると考えられている．R過程 (rapid process) と呼ばれる元素合成だ．超新星爆発の持続時間はおおよそ1秒程度と考えられているので，この短い間に，貴金属や鉛やウランといった超重元素は形成されなければならない．それは星の寿命と比べてほんの一瞬だから，宇宙に存在する貴金属の量がとても少ない理由になっている．「貴重な金属」というのは，「稀少な金属」だからこそだ．

恒星の内部で，このようにつくられたさまざまな元素が宇宙空間を漂って，次の恒星系をつくる．そして，その恒星が死に，また次の世代の礎となる．この無限のサイクルを繰り返しているうちに，宇宙の片隅で生命が誕生する機会がめぐってくる．人間が誕生するには，星の輝きと死が必要なのだ．

しかし，生命を作り出す物質が全部そろったからといって，すぐにそれか

ら生命をつくることが可能なんだろうか？　材料をすべてビニール袋に封入し，三分間振ったりもんだりしただけで，なかにヒヨコが形成されるとでもいうのだろうか？　答えはもちろん「否」だ．生命をつくるには，「設計図」や「手順書」のようなものが必要となるだろう．その情報をもつのはDNAと呼ばれる巨大な分子だ．DNAをつくる原子は，炭素，水素，酸素，窒素，リンなどだ．私たちの住む宇宙／自然は，どうやって無数の原子を組み合わせて，DNAをつくり，それを生命にすることができたのだろうか？　謎はまだまだ続いていく．

　この宇宙には，探検するべき「遺跡」はまだまだたくさん残されており，そこに隠されている「書物」は無数に存在するだろう．そして，その「書物」に書かれている宇宙の秘密は，私たちを驚かせ，感動させてくれるのはまちがいないだろう．ただし，それを可能にするのは，人間の知性と好奇心であり，この「技」を磨かぬ者には永遠に手に入らない財宝なのだ．

参考文献

[第 1 章]

- 広瀬秀雄 (1981) 『天文学史の試み』誠文堂新光社
- 近藤二郎 (2010)『わかってきた星座神話の起源──古代メソポタミアの星座』誠文堂新光社
- Jeans, J. (1929) *The Universe Around Us*. New York: The Macmillan Co.

[第 2 章]

- 島村福太郎 (1953)『天文学史 －宇宙観の変遷-』中教出版
- S. ワインバーグ著, 小尾信彌訳 (1977) 『宇宙創世はじめの三分間』ダイヤモンド社
- 大西直毅 (1996) 『物理学入門』東京大学出版会
- 広瀬秀雄 (1981) 『天文学史の試み』誠文堂新光社
- 岩波書店編集部編 (1964)『KAGAKU no ZITEN 2 HAN』岩波書店
- 宮沢賢治 (1934) 『銀河鉄道の夜』文圃堂
- 桜井邦朋著 (2011) 『天文学をつくった巨人たち：宇宙像の革新史』中央公論新社
- N. コペルニクス著, 矢島祐利訳 (1953) 『天体の回転について』岩波文庫
- A. ケストラー著, 小尾信彌, 木村博訳 (2008) 『ヨハネス・ケプラー：近代宇宙観の夜明け』ちくま学芸文庫

[第 3 章]

- S. ワインバーグ著, 小尾信彌訳 (1977) 『宇宙創世はじめの三分間』ダイヤモンド社
- 桜井邦朋著 (2011) 『天文学をつくった巨人たち：宇宙像の革新史』中央公論新社
- 佐藤勝彦著 (2008)『宇宙論入門──誕生から未来へ』岩波新書

[第 4 章]

- 旧約聖書
- R.P. ファインマン，R.B. レイトン，M.L. サンズ著，富山小太郎訳 (1968)『ファインマン物理学 II, III』岩波書店
- 太田浩一，松井哲男，米谷民明編 (2007) 『アインシュタインレクチャーズ＠駒場』東京大学出版会
- Planck, M. (1914) *The Theory of Heat Radiation.* York: The Maple Press.
- S. ワインバーグ著，小尾信彌訳 (1977) 『宇宙創世はじめの三分間』ダイヤモンド社
- 小山慶太 (2011)『ノーベル賞でたどるアインシュタインの贈り物』NHK 出版
- Wilson, R. W. (1978)『ノーベル賞受賞講義録』ノーベル財団
- 杉山直 (2001)『膨張宇宙とビッグバンの物理』岩波書店

[第 5 章]

- J.M. トーマス著，千原秀昭，黒田玲子訳 (1996) 『マイケルファラデー』東京科学同人
- 大西直毅 (1996) 『物理学入門』東京大学出版会
- Kragh, H.S. (1990) *Dirac: A Scientific Biography.* Cambridge: Cambridge University Press.
- Moore, W. (1994) *A life of Erwin Schrödinger.* Cambridge: Cambridge University Press.

[第 6 章]

- 太田浩一著 (2000) 『電磁気学 I, II』丸善
- M. モーズリー，J. リンチ著，久芳清彦訳 (2011) 『科学は歴史をどう変えてきたか：その力，証拠，情熱』東京書籍
- 高林武彦著 (2010) 『量子論の発展史』ちくま学芸文庫
- S. ワインバーグ著，小尾信彌訳 (1977) 『宇宙創世はじめの三分間』ダイヤモンド社

[第 7 章]

1. S. ワインバーグ著，小尾信彌訳 (1977) 『宇宙創世はじめの三分間』ダイヤモンド社

索　引

アルファベット
CP バイオレーション　151, 153
DNA　197

ア行
アイソトープ　158, 180
アインシュタイン　73, 77, 87, 89, 97, 110, 117-119, 132, 138, 140-142, 144, 146, 167, 168, 176, 178, 182, 200
アークトゥルス　3, 75
アキレス　13
アノマリー　20-22, 29
アポロニウス　22, 49
天の川（銀河）　8, 9, 53, 56-58, 63, 65, 66, 68-71, 84, 124
アリストテレス　14, 15, 17-22, 24, 25, 27, 32-34, 43, 53, 57, 58, 60, 71, 99
α 線　172-174, 178-180
アルマゲスト　24-26, 32, 75
暗黒エネルギー　89
暗線　79-83, 177, 188
アンドロメダ銀河（星雲）　66, 68-70, 84
陰極線　114, 135, 136, 168-170, 173, 175
インフレーション　87, 129
ウィルソン　70, 124, 126, 127, 190
宇宙背景輻射　123, 128, 129, 131, 190
宇宙マイクロ波背景輻射　127
閏月　7
閏年　6, 7, 20
ウラノス　17, 34, 53, 54, 91

ウラン　170-172, 178, 196
エウドクソス　14-19, 51
エカント　24, 26-29, 42, 45
X 線　113, 169, 170, 172, 173
エルステッド　108
オングストローム　80, 158

カ行
回折　78, 103, 132
核融合　139, 186, 187, 190, 191, 195, 196
確率解釈　140, 141, 144
核力　87, 132, 133, 149-151, 153, 155, 182-184, 190
可視光　147
火星　4, 15-17, 28, 36, 40-50, 52, 53, 62, 76
カーティス　68, 70
ガモフ　86, 87
ガリレオ　30, 37, 39, 53-59, 63, 70, 98, 112
ガレ　18
カレンダー　5, 6, 20
干渉　99-103, 108, 118-120
慣性　47-98
γ 線　147, 172, 174, 179-181, 186
輝線　79-82, 177, 178
逆行　16, 21, 22, 29, 47
逆二乗則　42, 63-65, 149, 173
キュリー　151, 171, 172, 179, 180
行列力学　140-143, 180

キルヒホッフ　　80, 81
金星　　15-17, 28, 50, 53-55, 62, 76, 79
屈折　　77, 94, 96-98, 132
グリニッジ　　11, 12, 34, 63
ケプラー　　30, 36-53, 59, 60, 96, 97
原子　　12, 77, 83, 84, 87, 97, 109, 121, 122, 129, 132, 136-139, 141, 147, 149-152, 154, 155, 157-159, 164, 166-168, 172-183, 185-190, 195, 197
光子　　117-119, 121-123, 126-128, 131, 132, 140, 144, 146-148, 151-155, 161, 165, 168, 169, 177, 178, 180, 181, 183-187, 189, 190, 194
恒星　　3, 4, 6, 8, 14, 16-19, 21, 32, 35, 36, 39, 40, 55, 57, 62, 63, 65, 67, 69, 70, 75-77, 79, 81-84, 91, 92, 124, 129, 188, 191, 195, 196
光速　　84, 87, 111, 112, 132, 138, 144, 145, 172, 183
公転　　6, 7, 35, 38, 40-42, 44, 50-52
光電効果　　97, 109, 113-115, 117, 118, 132, 140, 168
黒体輻射　　115, 116, 122, 126-129, 147, 189, 190
コスモス　　17, 19, 32, 34, 53, 54, 91
コペルニクス　　25-31, 35, 37-43, 45, 49, 51, 58, 70, 71, 199
暦　　5-7, 9, 11

サ行
紫外線　　113-115
獅子座　　3, 4, 8, 42
自転　　6, 7, 15, 17, 75
質量エネルギー　　138, 139, 145-147, 149, 152, 153
四分儀　　34, 35
シャプレー　　68-71
周転円　　22-24, 28, 29, 42, 46-50
宗教裁判　　37, 53, 58
重力　　42, 46, 48, 60, 65, 69, 73, 84, 87-89, 96, 97, 109, 110, 133, 137, 138, 149-152, 172, 182, 188, 190, 191, 195, 196
シュレディンガー　　120, 139-141, 143-145, 180
小惑星　　158
シリウス　　6, 7, 75
新星　　18, 19, 31-33
振幅　　83, 101, 102, 115, 117
スネル　　94
スピカ　　3, 8
スペクトル　　77-84, 89, 96-98, 102, 116, 121, 122, 164, 165, 174, 177, 178, 180, 181, 188
スライファー　　84
青方偏移　　83, 84
赤方偏移　　83, 84, 89
赤外線　　115, 123, 124, 127, 128, 190
セシウム　　81, 150, 158, 172, 180, 181
セファイド型変光星　　69, 70

タ行
太陽　　6, 7, 11, 12, 14-17, 19-23, 27-29, 35, 37, 38, 41-47, 50-52, 54, 55, 60, 62, 66, 69-71, 75-80, 83, 91, 92, 97, 98, 102, 109, 114, 139, 150, 154, 170, 171, 177, 185, 188
楕円　　48-50, 52, 69
ダークエネルギー　　89, 129
地動説　　12, 14, 15, 25-29, 35-37, 39, 41, 42, 45, 52, 53, 55, 58, 59, 76
チャドウィック　　179
中性子　　132, 133, 149-155, 158, 178-188, 190, 194
超新星　　17, 68, 87-89, 124, 191, 196
月　　7, 12, 15-17, 22, 28, 30, 34, 37, 53-55, 75, 76, 78, 79
ティコ・ブラーエ　　19, 30-36, 39, 40, 43, 44, 48, 50, 53
ディラック　　141-146, 180, 184

索　引

デネボラ　3
デュアリティ　118
電子　93, 114, 115, 117-120, 131-137, 139, 144-148, 151-155, 158, 168, 169, 173-180, 183-186, 189
電磁波　113, 123, 124, 137, 169, 175, 183
電磁場　108, 110-113, 124, 144, 183
電磁誘導　109, 111, 113, 135
天動説　12, 14-18, 23-27, 32, 45, 50-52, 55, 58, 59, 70, 73, 99
同位体　158, 180, 181, 186, 187
統計力学　136, 148, 159-161, 163-166, 172
等速円運動　21, 24, 27-29, 42, 45
ドップラー（効果）　82-84, 89, 122, 123, 126, 147, 152, 165, 190
ドブロイ　118-120, 139, 176, 177
トムソン　133, 136, 168, 174

ナ行
ナトリウム　81, 158, 195
二重スリット　102, 108, 118, 119
二重性　77, 118-120, 139, 176
ニュートン　42, 59, 60, 62, 66, 77, 96-99, 102, 104, 108, 110, 111, 138-141, 178
熱平衡　121, 122, 126, 127, 129, 131, 159-161, 166, 189, 190
年周視差　18, 35, 36, 39, 40

ハ行
パイオン　132, 184
ハイゼンベルグ　140-144, 180
ハギンズ　83
ハーシェル　60-63, 65-67, 69-71, 76, 77, 80
波長　82, 83, 114-128, 146-148, 152-154, 165, 169, 176, 177, 189, 190
ハッブル　70, 71, 74, 84-86, 89

波動関数　139, 140, 145
波動方程式　111, 139
波動力学　120, 140, 141, 143, 180
パラダイムシフト　25, 27, 29
パラドックス　13
パリティ　150, 151
ハレー　34, 66, 75-77, 84
反射　54, 61-63, 70, 78, 94, 98, 100, 101, 112, 119, 132
反電子　144-148, 154, 184
ピタゴラス　14, 15, 19, 25, 37, 45, 60
ビッグバン　86-88, 90, 91, 93, 120-123, 131, 139, 147, 153, 154, 185-189, 194, 195, 200
ヒッパルコス　18, 19, 21-25, 27, 31, 32, 35, 43, 45, 51
PPチェイン　191, 195
ファインマン　95
ファラデー　109-112, 135, 182, 183
フィゾー　112
フィロラオス　14, 37
フェルマー　94
物質波　118-120, 140, 176
プトレマイオス　23-29, 32, 45, 51, 76, 106, 107
ブラウン運動　166-168
フラウンホーファー　79, 80
ブラーエ　→ ティコ・ブラーエ　19
プラトン　14, 15, 25
プランク　116-118, 121, 122, 176, 179
プリズム　77, 78, 96-98
プリンキピア　60, 97, 99
プルトニウム　172
ブルーノ　58, 59
プレセペ星団　3
ブンゼン　81
ベクレル　169-171, 181
β 線　172, 174, 180
ベータ崩壊　132, 133, 150, 151, 153, 154, 158, 187, 188, 194

ベッセル　18, 40
ヘリウム　81, 132, 139, 155, 174, 178-180, 183, 187-190, 195
ヘルツ　113, 114, 136
ペンジアス　124, 126, 127, 190
ボーア　137, 141, 144, 175-180
ホイートストン　80
ホイヘンス　98-100, 102-104, 108
ホイル　87
放射線　113, 138, 147, 149, 150, 158, 169, 171-175, 178-180
放射能　138, 149, 159, 169, 171-173, 175, 178, 180, 181, 187
ボルツマン　136, 159, 163, 166-169
ポロニウム　171, 172

マ行
マクスウェル　110-113, 115, 118, 141, 183
宮沢賢治　56
ミューオン　132, 184
面積速度　45, 46, 48, 50
木星　15, 17, 50, 53, 55-58, 62, 76, 188

ヤ行
ヤング　100, 102-104, 107, 108, 115, 118, 119
湯川秀樹　132, 149, 182-184
陽子　132, 133, 147-155, 158, 175, 176, 178-188, 190, 195
陽電子　145, 146, 151, 152

ラ行
ラザフォード　168, 172, 174-176, 178, 179, 182, 183
ラジウム　171, 172, 178
離心円　18, 20-24, 28, 42-46
量子　18, 77, 81, 109, 116, 117, 120, 122, 132, 137, 139-145, 148, 168, 172, 176-180, 182, 183
ルヴェリエ　18
ルメートル　86, 87
レグルス　3
レナート　113-115, 118
レントゲン　169, 170
ロゼッタストーン　104-107

ワ行
惑星　9, 14, 15-19, 21-23, 25, 27-29, 33, 36-38, 40-42, 45-52, 54, 55, 57, 62, 75, 76, 92, 158, 188

著者略歴

1969 年生まれ．
専修大学法学部教授．専門分野 理論物理学．
東京大学大学院理学系研究科物理学専攻．博士（理学）．

宇宙と地球の自然史

2012 年 11 月 20 日　第 1 版第 1 刷発行
2020 年 3 月 20 日　第 1 版第 2 刷発行

著　者　大井　万紀人（おおい まきと）

発行者　井村　寿人

発行所　株式会社　勁草書房（けいそう）

112-0005 東京都文京区水道 2-1-1　振替 00150-2-175253
　　（編集）電話 03-3815-5277／FAX 03-3814-6968
　　（営業）電話 03-3814-6861／FAX 03-3814-6854
大日本法令印刷・中永製本所

©OI Makito　2012

ISBN978-4-326-70074-5　Printed in Japan

JCOPY ＜出版者著作権管理機構　委託出版物＞
本書の無断複製は著作権法上での例外を除き禁じられています。
複製される場合は、そのつど事前に、出版者著作権管理機構
（電話 03-5244-5088、FAX 03-5244-5089、e-mail: info@jcopy.or.jp）
の許諾を得てください。

＊落丁本・乱丁本はお取替いたします．

http：//www.keisoshobo.co.jp

杉本大一郎
使える数理リテラシー A5判 2,600円 60223-0

数理社会学会監修
社会を〈モデル〉でみる
数理社会学への招待 A5判 2,800円 60165-3

小池康郎
文系人のためのエネルギー入門
考エネルギー社会のススメ A5判 2,400円 60235-3

武谷三男
科学入門
[増補版] 科学的なものの考え方 四六判 3,000円 75031-3

P. デュエム／小林道夫・熊谷陽一・安孫子信訳
物理理論の目的と構造 A5判 6,500円 10088-0

長崎正幸
核問題入門
歴史から本質を探る 四六判 2,500円 65212-9

I. ギルボア, D. シュマイドラー／浅野貴央・尾山大輔・松井彰彦訳
決め方の科学——事例ベース意思決定理論 A5判 3,400円 50259-2

———————————————————勁草書房刊

＊表示価格は2020年3月現在，消費税は含まれておりません。